Office

效率手册

早做完，不加班

周斌 陈锡卢 钱力明 著

清华大学出版社

北京

内 容 简 介

这是一本教你快乐运用、享受Office的书。跟着书中三位老师前行，你不但能解决工作上的难题，还能提高工作效率、提升展现能力；并让Office成为你生活中的好"助手"，增加你的乐趣。

本书情景式的讲解，犹如与老师直接对话，可以在轻松、愉悦中提升自己的Office技能，最终让Office成为你享受生活的一种工具。

本书操作版本为Microsoft Office 2013，能够有效帮助职场新人提升职场竞争力，也能帮助财务、品质分析、人力资源管理等人员解决实际问题。

图书在版编目(CIP)数据

Office效率手册：早做完，不加班 / 周斌，陈锡卢，钱力明著. --北京：清华大学出版社，2015（2017.10重印）

　　ISBN 978-7-302-40390-6

　　I. ①O… II. ①周… ②陈… ③钱…III. ①办公自动化－应用软件－手册 IV. ①TP317.1-62

中国版本图书馆CIP数据核字(2015)第116451号

责任编辑： 秦　甲　李玉萍
封面设计： 吕单单
责任校对： 马素伟
责任印制： 杨　艳

出版发行： 清华大学出版社
　　　　　　网　　　址：http://www.tup.com.cn，http://www.wqbook.com
　　　　　　地　　　址：北京清华大学学研大厦A座　　　　邮　编：100084
　　　　　　社 总 机：010-62770175　　　　　　　　　　邮　购：010-62786544
　　　　　　投稿与读者服务：010-62776969，c-service@tup.tsinghua.edu.cn
　　　　　　质 量 反 馈：010-62772015，zhiliang@tup.tsinghua.edu.cn
印 装 者： 小森印刷（北京）有限公司
经　　销： 全国新华书店
开　　本： 180mm×210mm　　　**印　张：** 13.5　　　**字　数：** 324千字
版　　次： 2015年6月第1版　　　**印　次：** 2017年10月第7次印刷
印　　数： 19001~21000
定　　价： 42.80元

产品编号：064317-01

前言

　　本书基于Microsoft Office 2013应用环境，根据三位作者的职场经历改编而成，是一本有趣、有料更有效的办公软件应用参考书。

　　本书共分12章，围绕师傅带徒弟这条主线来编写。主要内容可分成三大部分：1～4章（Word）、5～8章（Excel）、9～12章（PPT），通过师徒一对一教学的形式，将与读者日常办公息息相关的问题和难点娓娓道来、层层解析，让读者在风趣、轻松、愉快的氛围中学到Office的核心功能和经典应用技巧，从而快速掌握Office的精髓。

　　熟练应用Office软件不仅能够提高工作效率，同时也能获得同事、朋友的认可，并因此而获得自信心，卢子就是这样的典型人物。他从2007年就开始学习Excel，从当初连打字都不会到别人眼中的高手。很多朋友对他的经历很好奇，经常问："你当初是如何学习Excel的？"这个问题不是三言两语就能够说明白的，因此卢子花了2年的时间写了《Excel效率手册 早做完，不加班》这本书，他将当初如何学习Excel毫无保留地一一呈现给大家。书籍出版后，立即引起轰动，短短1年时间重印10次，一直占据京东计算机畅销榜TOP10。今年出版的新书《Excel效率手册 早做完，不加班（精华版 函数篇）》、《Excel效率手册 早做完，不加班（精华版 透视表篇）》也深受广大读者好评，占据京东新书畅销榜TOP5。这一系列书籍跟以前的工具类书籍最大的不同点就是，通过讲故事的形式将Excel呈现在读者面前，让读者轻松愉悦地学好Excel，告别以往枯燥的讲解方式。

　　本来不加班系列书籍到此也就画上完美的句号，奈何读者们一直强烈期待增加Word与PPT的不加班系列书籍，卢子认为自己的Word与PPT技能一般，所以

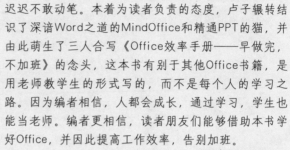

迟迟不敢动笔。本着为读者负责的态度，卢子辗转结识了深谙Word之道的MindOffice和精通PPT的猫，并由此萌生了三人合写《Office效率手册——早做完，不加班》的念头，这本书有别于其他Office书籍，是用老师教学生的形式写的，而不是每个人的学习之路。因为编者相信，人都会成长，通过学习，学生也能当老师。编者更相信，读者朋友们能够借助本书学好Office，并因此提高工作效率，告别加班。

在当今工作环境中，Office成为大部分工作的第一附属工具，不管你在写字楼，还是在医院，是需要计算人员工资，还是上台演讲报告，Microsoft Office可能是你的第一选择。也许你曾经认为Word只是用来录入几个字，Excel只是做一份表格，PowerPoint只需要设置几个模板把字复制粘贴进去。而现在你却不这样认为了，旁边的同事用Word批量制作请柬；前台的小姑娘用Excel可以快速知道你在上个月取过多少快递；和自己一起进来的小个子女生，因为PowerPoint做得好，很快成为公司的兼职培训讲师。

在这里，我们最想强调的是学习方法，这是感受温情和爱的学习方法。刚开始学习Office的时候，要善于向身边的同事及朋友请教问题，同时也要学会自学，毕竟没有人可以帮助你一辈子。学到新知识要及时跟同事、朋友、网友分享，这样你将会获得别人的好感，以后别人有好的方法也会告诉你。

萧伯纳曾经说过："倘若你有一个苹果，我也有一个苹果，而我们彼此交换这些苹果，那么你和我仍然是各有一个苹果。但是，倘若你有一种思想，我也有一种思想，而我们彼此交换这些思想，那么，我们每人将有两种思想。"

其实，办公软件不仅用于工作，更可用于生活，比如可以用Excel记账、玩游戏，用Word打印工资条、多人协同编制大项目文档，用PPT制作培训课件、宣传片等。当然，学习Office不是以炫耀技能为目的，而要以合适的方法，在合适的时间，对合适的人做合适的事。无招胜有招，这才是Office的最高境界。

最后，直接说出我们的感谢：

感谢Office，我们共同的"恋人"。

感谢那些为我们提供技术支持的老师和朋友，你们让我们的Office能锦上添花。

感谢中国会计视野论坛、IT部落窝等所有Office网友，是你们让我们感受到更广泛分享的快乐。

还要感谢您，拿起这本书的读者——您的阅读，将我们对Office的爱传向更广阔的世界。

当然，还得感谢以下参与本书编写的人员：龚思兰、孙华平、林丰钿、卞贺永、邱晓燕、邱显标、邓丹、李应钦、周佩文、鄢启明、魏才玉、许罡、柯建华、李江、王成军、张红兰、张友东、徐七阶、李春平。

编　者

作者简介

周斌，网名：MindOffice，办公软件应用培训师，拥有多年的职场经验和丰富的Office实战案例，秉持"智慧办公创造非凡价值"的专业态度，凭借财务、销售、行政、管理等多岗位跨行业的职涯历练，擅长对办公软件的实用、巧用、妙用，并对成人教学有独特的见解，近年来致力于办公软件高效应用经验的推广。

陈锡卢，网名：卢子，新浪微博：Excel之恋。中国会计视野论坛Office版主，IT部落窝论坛Excel超级版主，8年的Excel实战经验，精通Excel函数与公式、数据透视表，经常在论坛、QQ交流群、微博帮助别人解答疑难问题。

钱力明，网名：绅士猫，新浪微博猫眼军师。宁波锐翼广告工作室设计师，宁波思翔广告有限公司设计顾问，视觉传达课程讲师，PPT商务应用国际大赛专家评委，为大众、卡地亚、宝珀等公司提供视觉设计服务。3年PowerPoint设计服务经验，2年视觉传达课程培训经验，对PowerPoint培训颇有心得，受到广大学员及网友的喜爱。经常在论坛、QQ群交流，帮助别人解决问题。

本书人物简介

阿智：Word老鸟
小慧：Word菜鸟

卢子：Excel老师，无所不能的牛人
木木：职场新人，Excel菜鸟。

猫：PPT达人
瑜：PPT新手

目录
CONTENTS

Office Excel 效率手册

07

数据分析

08

数据展现

09

软件篇

Office PPT 效率手册

读书心得

Office

Word 效率手册

01

结构篇

1.1 我把Word玩坏了

阿智被同事们戏称为"Word老鸟"，这段时间，刚进公司不久的"Word菜鸟"小慧经常来请教他，而且几乎每次都是关于Word 2013的应用问题。虽然阿智有点烦，但他不忍拒绝，因为这个女大学生还是蛮拼的，只是刚踏上工作岗位，学校里学到的那点东西根本无法让她"任性"而已……说曹操，曹操到，她又来了！

1.1.1 奇怪的双引号

小慧：师傅！又要麻烦您帮我看一下，这次Word好像被我搞坏了！

阿智：别着急，慢慢说。

小慧：好吧！就是，中文的双引号，我怎么打不出来啊？在新建的文档中也打不出来！

阿智：呵呵，这次估计不是你把Word玩坏了，而是Word把你玩坏了。

小慧：哦？

阿智：稍等片刻。

小慧：好，坐等师傅指教！

随后小慧打开Word，使用Ctrl+N组合键，新建了一个空白文档，随手输入了一段带双引号的文字。

阿智：其实我也曾经为了这个双引号纠结了很长时间，后来找百度君一查，竟然是Word 2013（中文版）的一个BUG，据说只有使用第三方输入法时才会出现这种情况，呵呵。

小慧：那能解决吗？

阿智：No……

小慧：啊？

阿智：被微软恶心过，所以也恶心一下你，哈哈！

小慧：您老人家就别卖关子了，急死我了！

阿智：好吧，你可以先使用Ctrl+A组合键，全选当前文档中的所有内容，再将字体统一设置为宋体，如图1-1所示，欧了！

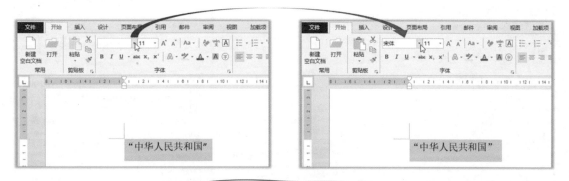

图 1-1　通过修改字体显示双引号

小慧：原来这么简单啊！那每次都要这样处理吗？

阿智：那倒未必，也可以通过修改模板样式，一次性设置完成。

小慧：怎么设置呢？

阿智：你先撤销一下（按Ctrl+Z组合键），再右击"开始"选项卡的"样式"选项组中的当前样式，在弹出的下拉菜单中选择"修改"命令，如图1-2所示。

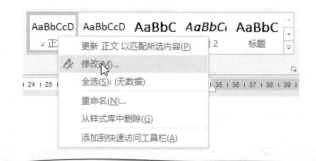

图 1-2　右击当前样式并在弹出的快捷菜单中选择"修改"命令

弹出"修改样式"对话框，先选中"基于该模板的新文档"单选按钮，再单击左下角"格式"按钮，在弹出的下拉菜单中选择"字体"命令。在弹出的"字体"对话框中将中文字体、英文字体统一改为宋体，最后单击"确定"按钮，如图1-3所示。

图 1-3　修改模板文件的样式字体

小慧：果真可以了。

阿智：但这样会带来另外一个问题——无法输入英文格式的双引号，因为所有英文都已被强制使用宋体。

小慧：那还是按第一种方法吧。这些样式、模板之类的，我一听就头大。

阿智：其实Word里的这些概念都很重要！只是"难者不会，会者不难"而已。

小慧：有道理！现在我对Word越来越纠结，麻烦你再给我指导指导呗！

阿智：那我得先看看你是如何使用Word的。

1.1.2　Word也"看脸"

只见小慧开始编辑一个关于规章制度的Word文档，她一边盯着屏幕，一边熟练地敲打键盘，不断使用Ctrl+C、Ctrl+V等快捷键，并利用格式刷复制同级标题的格式，对各级标题进行编号，有的用自动编号，有的用人工编号……

阿智：嗯，不愧为盲打高手！

小慧：话中有话，请师傅直说吧！

阿智：Need Just Word，Word Has Word！知道什么意思么？

小慧：你的就是我的，我的还是我的？

阿智：这个解释太俗了！短短一句话竟然出现了三次Word，你不觉得Word很厉害吗？

小慧：额！好像秒懂了！

阿智：这是个看脸的世界，"Word脸"也一样，你要先学会看懂TA啊！

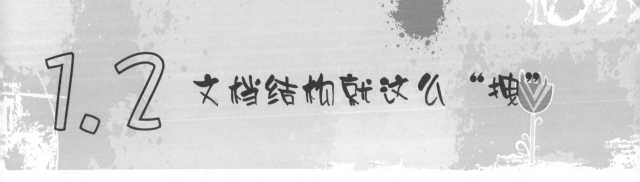

1.2　文档结构就这么"搜"

1.2.1　Word玩"变脸"

　　正当小慧听得一头雾水时，阿智让她先在Word空白文档中输入16段文本并全部选中，在"插入"选项卡中单击"表格"按钮，在弹出的下拉菜单中选择"文本转换成表格"命令，弹出"将文字转换成表格"对话框，将列数设置"4"，单击"确定"按钮，完成文本到表格的转换，如图1-4所示。

小慧：哇，酷！变成了一张四行四列的表？

阿智：没错，从上到下依次是国家、省份、地级市和县级市，你知道接下来我会让你干什么吗？

　　小慧正纳闷他葫芦里卖的什么药时，阿智让她选中该表格，然后在"表格工具"下的"布局"选项卡的"数据"选项组中单击"转换为文本"按钮，弹出"表格转换成文本"对话框。在"文字分隔位置"选项组中选中"段落标记"单选按钮，单击"确定"按钮，又将表格转换回文本了，如图1-5所示。

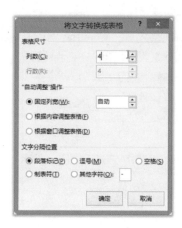

图 1-4　文本转换成表格

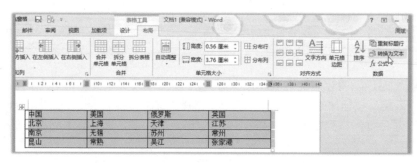

图 1-5　表格转换成文本

小慧：哇，表格和文本可以互相转换！

阿智：如果将国家、省份和市县看作各级标题，你会如何调整它们的结构呢？

小慧：呃，利用大纲视图？

阿智：对，这是一种办法，还有其他办法吗？

小慧：那我就不知道了。

阿智：在排版之前，最好先让Word变变脸。

小慧：还要变脸？

阿智：对，先把导航窗格（类似于Word旧版本中的文档结构图）变出来。

　　按照阿智的指导，小慧单击状态栏左下方的页码处（或选中"视图"选项卡的"显示"选项组中的"导航窗格"复选框），打开"导航"任务窗格，并切换到"标题"选项卡，如图1-6所示。

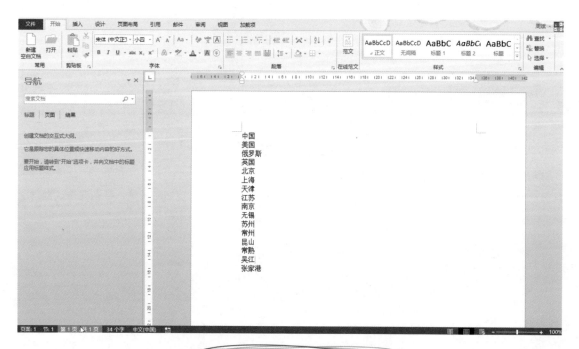

图1-6　激活"导航"任务窗格

阿智：这个"导航"任务窗格可了不得，集文档结构、快速定位、高级查找替换等功能于一身，堪称Word的多面手。由于现在未设置任何标题，所以只能看到"标题"选项卡的功能说明"创建文档的交互式大纲"。

小慧：看到了，那怎么往里添加标题呢？

阿智：不急，等会慢慢玩。我们继续让Word变脸。请反复使用 Ctrl+* 组合键（或单击"开始"选项卡的"段落"选项组中的 按钮），显示或隐藏编辑标记，如图1-7所示。

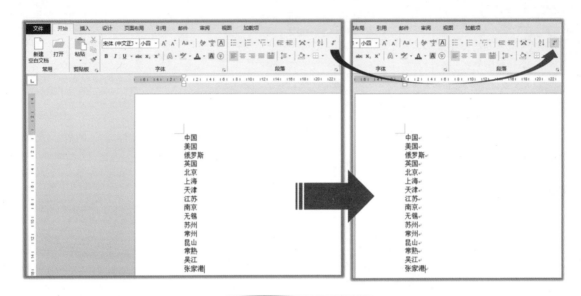

图 1-7　显示/隐藏编辑标记

小慧：好像只看到每个段落末尾的回车符号。

阿智：对，这叫段落标记，除此之外，当前文档中没有其他编辑标记。现在随便输入半角空格、全角空格、制表位、分页符、分节符等，观察对应的编辑标记，如图1-8所示。

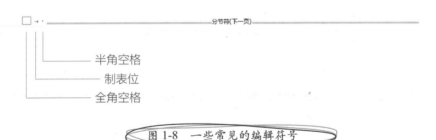

图 1-8　一些常见的编辑符号

小慧：看到了。但这些编辑标记有什么用呢？

阿智：问得好！事实上，编辑标记对于高级排版非常有用，比如通过显示编辑标记，可以找到并删除多余的分节符、分页符。

　　如果你想在屏幕上始终显示某些格式标记，可以选择"文件"菜单中的"选项"命令，在弹出的"Word选项"对话框中设置相应的显示参数即可，如图1-9所示。

图 1-9　设置始终显示的格式标记

小慧：哇，"Word选项"对话框中有这么多参数啊！

阿智：没错，这里相当于Word的后台，为前台提供支撑和个性化服务（如将不在功能区中的命令添加到快速访问工具栏中）。

1.2.2　利用"小样"设置标题

　　接着，阿智让小慧返回Word主界面，选中表示国家的所有段落，单击"开始"选项卡的"样式"选项组中的"标题1"按钮，如图1-10所示。

阿智：你有什么发现吗？

小慧：哇！"导航"任务窗格里面有标题了。

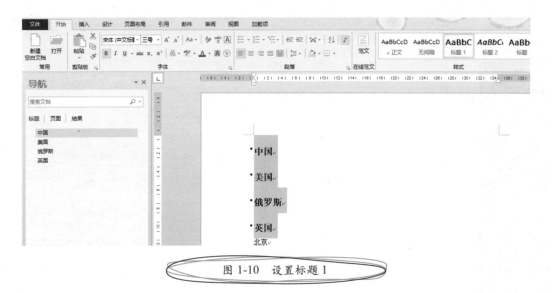

图 1-10　设置标题 1

阿智：再选中表示省份的所有段落，单击"开始"选项卡的"样式"选项组中的"标题2"按钮，如图1-11所示。

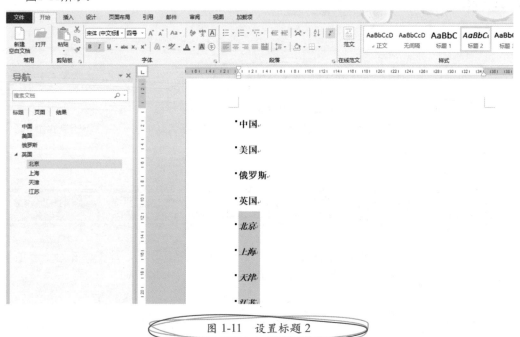

图 1-11　设置标题 2

小慧：太神奇了！标题1、标题2都在"导航"任务窗格中了，而且是按级别展开的。

阿智：好玩吧！为了设置更多级别的标题，还可以单击"开始"选项卡的"样式"选项组右下角的 □ 按钮（或使用Alt+Ctrl+Shift+S组合键），激活"样式"任务窗格，如图1-12所示。

小慧：利用这个"样式"任务窗格，如法炮制？

阿智：没错！你分别设置一下标题3和标题4。现在，看看"导航"任务窗格的标题栏有什么变化？

小慧：文档结构一目了然。太方便了，如图1-13所示。

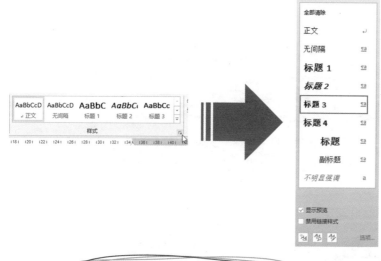

图 1-12　激活"样式"任务窗格

图 1-13　文档结构图

1.2.3　结构要改基本靠拖动

阿智：别高兴太早，结构是用来看的，更是用来改的。

小慧：师傅说得对，那怎么调整或修改结构呢？

阿智：可以先按住"导航"任务窗格中的一级标题"中国"，再拖动至一级标题"英国"的下方，如图1-14所示。

小慧：真方便啊！再按住一级标题"中国"不放并拖回原处吧。

阿智：没错。以此类推，就能轻松完成整个文档结构的调整，如图1-15所示。

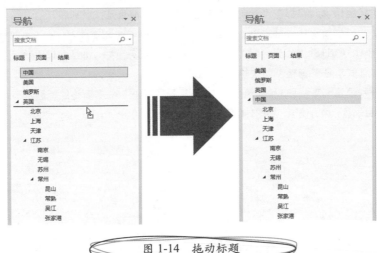

图 1-14　拖动标题

小慧：那如果需要对某些标题进行升降、删除或进行更多操作，该怎么做呢？

阿智：只要在"导航"任务窗格中右击任一标题，就会弹出一个快捷菜单，如图1-16所示。

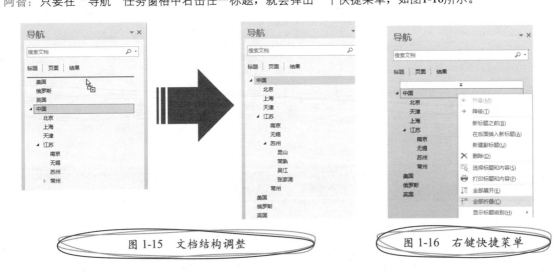

图 1-15　文档结构调整　　　　　　　　　图 1-16　右键快捷菜单

小慧：哦，微软设计得真周到啊！那标题左侧的◢标记，表示可以折叠吗？

阿智：对，如果是▷标记，则表示可以单击展开该标题。

小慧：哦，还可以全部展开或折叠，或显示到某级标题，确实方便得很。

1.3 小结和练习

1.3.1 小结

本章主要介绍了文档结构的高效组合和调整，Word 2013的状态栏中，视图按钮区取消了大纲视图，只保留了阅读视图、页面视图和Web版式视图，而大纲视图中的常用功能已被整合到"导航"任务窗格，而且查看更直观、操作更方便。

1.3.2 练习

请模拟多级行政区划，利用样式设置各级标题，并利用"导航"任务窗格轻松调整文档结构。

读书心得

Office

Word 效率手册

02

排版篇

2.1 目录页码就这么"做"

2.1.1 目录其实很简单

阿智：一旦搞定文档结构，目录就简单了。

小慧：**唉，可我怎么觉得最烦人的就是目录呢？**

阿智：那是因为你对Word的"节操"了解得太少。

小慧：**啊？！**

阿智："节操"是我对Word节的尊称。

小慧：**无语！我能弱弱地问一声，这是变态的男人思维吗？**

阿智：好吧，算你狠！言归正传，还记得刚刚试过的分节符吗？

小慧：**有印象，好像在"页面布局"选项卡中添加的。**

阿智：对了，Word长文档的排版，一般需要分隔成封面、目录和正文等相对独立的部分，而且各部分的页面设置可以完全不同（首页无页眉页脚、目录页码为罗马数字，正文页码为阿拉伯数字，纵横页面混排等），这时就要用到分节功能。

小慧：**看来今天我要大开眼界了！**

阿智：是啊，先将光标移到文档开头（按Ctrl+Home组合键），再单击"页面布局"选项卡的"页面设置"选项组中的"分隔符"按钮，在弹出的下拉菜单中选择"分节符"下的"下一页"命令，如图2-1所示。

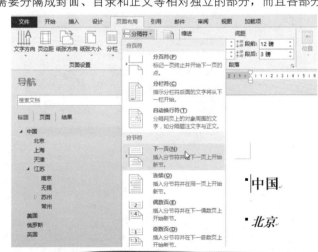

图 2-1　插入分节符并在下一页开始新节

小慧： 上面增加了一页？

阿智： 对，不但增加了一页，而且增加了一节。你可以观察一下左下方状态栏中的页码信息，如图2-2所示。

页面: 2　节: 2　第2页, 共2页

图2-2　状态栏中的页码和节码信息

小慧： 现在光标停留在第2页，第2节？

阿智： 没错。

小慧： 那第1节应该在上一页吧？

阿智： 对，因为你刚才选择的操作是"插入分节符并在下一页上开始新节"。现在将光标移到文档开头，就能看到分节符/下一页的编辑标记了。

小慧： 果然是啊！而且状态栏会显示当前位置是第1页、第1节。

阿智： 实际上，分节是为了将目录和正文的内容分开，目录和正文也可以设置不同的页眉页脚，甚至可以设置不同的纸张方向。

小慧： 原来如此！那怎么制作目录呢？

阿智： 最快的方法是采用微软内置的自动目录。可以单击"引用"选项卡的"目录"选项组中的"目录"按钮，在弹出的下拉菜单中选择"内置"中的"自动目录1"下的命令，如图2-3所示。

图 2-3　引用内置的自动目录

小慧：可是为什么这个自动目录的起始页码是2而不是1呢？如图2-4所示。

阿智：问得好！因为这个页码默认为整个文档的页码，而不是某个节（如正文部分）的页码。所以还需要设置一下页码，才能变成我们熟悉的目录页码。

小慧：那怎么设置页码呢？

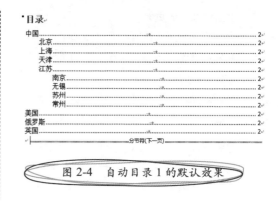

图 2-4　自动目录 1 的默认效果

2.1.2　页码是怎样生成的

阿智：页码是页眉页脚的一部分，你先切换到正文的页脚。

小慧：这个我会。双击页面底部的空白处，就可以直接切换到页脚，如图2-5所示。

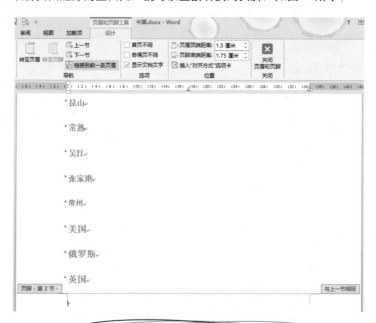

图 2-5　双击页面底部空白处切换到页脚

阿智：有没有注意到页脚右上角的提示？

小慧：看到了："与上一节相同"。

阿智：对，默认本节页眉页脚（包括页码）与上一节相同。那么问题来了，你要默认吗？

小慧：我想想……应该与上一节不同才对吧？

阿智：为什么？

小慧：因为我们要对目录和正文分别设置页码。

阿智：对，所以这里必须单击"页眉和页脚工具"下的"设计"选项卡的"导航"选项组中的"链接到前一条页眉"按钮，断开链接，使页脚与上一节不同，如图2-6所示。

图 2-6　使页脚与上一节不同

小慧：原来如此！那页眉也应该这样设置？

阿智：没错！可以单击"页眉和页脚工具"下的"设计"选项卡的"导航"选项组中的"转至页眉"按钮，如图2-7所示。

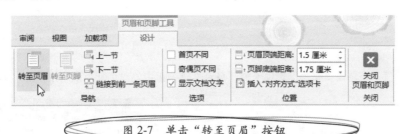

图 2-7　单击"转至页眉"按钮

小慧：果然也是默认"链接到前一条页眉"，把它们也断开链接。

阿智：好。页码一般放在页脚位置，可以单击"转至页脚"按钮，返回页脚。

小慧：接下来设置页码吗？

阿智：是的，单击"页眉和页脚工具"下的"设计"选项卡的"页眉和页脚"选项组中的"页码"按钮，在弹出的下拉菜单中选择"设置页码格式"命令，弹出"页码格式"对话框，设置起始页码为"1"，如图2-8所示。

小慧：这里的页码编号也默认"续前节"。

阿智：对。同时，页码的编号格式默认为阿拉伯数字。需要注意的是，如果改为罗马数字，起始页码不能为0。

图 2-8　设置页码格式

小慧：奇怪！其他格式的编号起始页码都可以是0，为什么罗马数字就不可以呢？

阿智：这太好解释了！你见过罗马数字0吗？

小慧：没有。

阿智：页码设置完毕，就可以更新目录页码了。

小慧：好，我试试！是单击"引用"选项卡的"目录"选项组中的"更新目录"按钮吧（见图2-9）。

图 2-9　单击"更新目录"按钮

阿智：对，我一般选择更新整个目录，单击"确定"按钮后，你就可以验证奇迹！

小慧：哈哈，果然对了，如图2-10所示。

目录

中国..1
北京..1
上海..1
天津..1
江苏..1
南京..1
无锡..1
苏州..1
常州..1
美国..1
俄罗斯..1
英国..1

图 2-10 更新页码后的目录

阿智：可惜总共只有一页，没有逼真的“赶脚”。

小慧：**那我模拟一个长文档出来吧！**

阿智：看来没白教啊！先考考你，如何生成3段且每段含5句的虚拟文本？

小慧：**在空白段落处输入“=rand(3,5)”，然后按Enter键呗，如图2-11所示。**

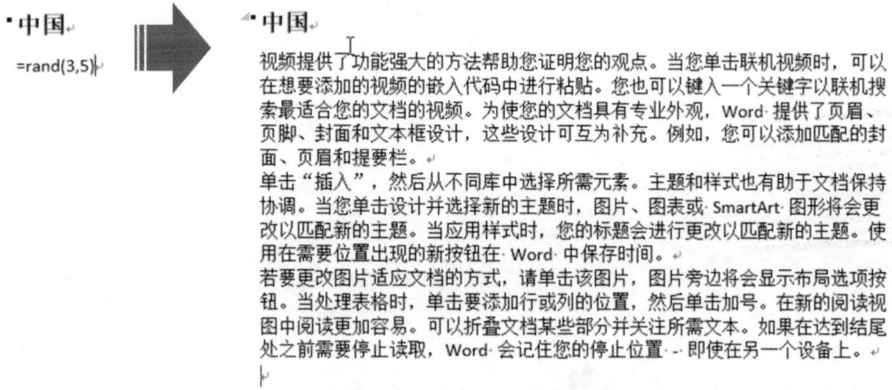
中国
=rand(3,5)
中国
视频提供了功能强大的方法帮助您证明您的观点。当您单击联机视频时，可以在想要添加的视频的嵌入代码中进行粘贴。您也可以键入一个关键字以联机搜索最适合您的文档的视频。为使您的文档具有专业外观，Word 提供了页眉、页脚、封面和文本框设计，这些设计可互为补充。例如，您可以添加匹配的封面、页眉和提要栏。
单击“插入”，然后从不同库中选择所需元素。主题和样式也有助于文档保持协调。当您单击设计并选择新的主题时，图片、图表或 SmartArt 图形将会更改以匹配新的主题。当应用样式时，您的标题会进行更改以匹配新的主题。使用在需要位置出现的新按钮在 Word 中保存时间。
若要更改图片适应文档的方式，请单击该图片，图片旁边将会显示布局选项按钮。当处理表格时，单击要添加行或列的位置，然后单击加号。在新的阅读视图中阅读更加容易。可以折叠文档某些部分并关注所需文本。如果在达到结尾处之前需要停止读取，Word 会记住您的停止位置 - 即使在另一个设备上。

图 2-11 生成的虚拟文本

阿智：非常好！那你在每个标题下面都添加同样的虚拟文本。

小慧：**OK！还需要加点东西吗？**

阿智：再模拟100个国家吧。

小慧：**这么多怎么弄呢？**

阿智：可以先在Excel的A1单元格中输入文字“国家1”，然后按住该单元格右下角的十字填充柄，往下填充100个国家，复制后，再右击Word文档的末尾，如图2-12所示。

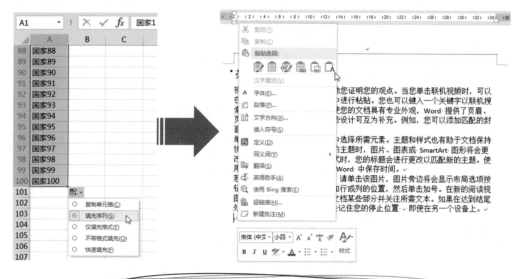

图 2-12　利用 Excel 填充序列生成 100 个国家

选择性粘贴成文本，生成100个段落，并全部设置为"标题1"样式，如图2-13所示。

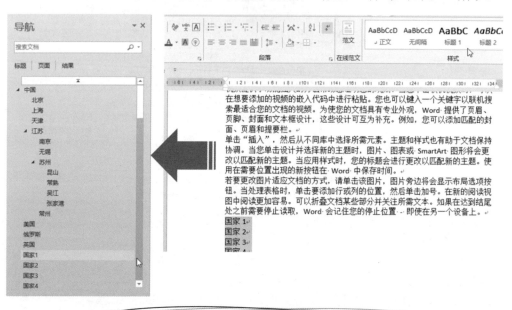

图 2-13　将 100 个段落同时设置为标题 1 样式

小慧：哇，原来可以这么玩的啊！

阿智：更好玩的在后面，你忘了？

小慧：哦！我马上更新一下目录。哈哈，果然变成好几页啦！可是我的问题又来了，能一屏显示多页吗？

阿智：当然可以，先单击"视图"选项卡的"显示比例"选项组中的"多页"按钮，如图2-14所示。

图 2-14　单击"多页"按钮

然后按住Ctrl键，用鼠标滚轮缩放显示比例（往后滚动可缩小到10%，往前滚动可放大至500%），直到一屏显示所有目录页，如图2-15所示。

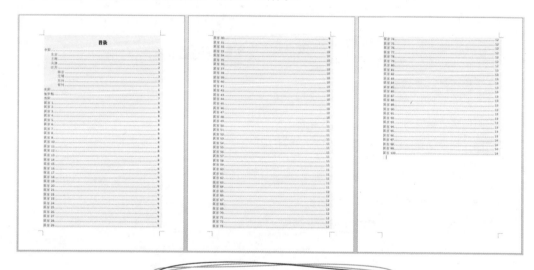

图 2-15　多页目录

2.1.3　让页眉页脚目录页不同

小慧：如果要给目录页添加罗马数字格式的页码，应该如何设置页脚呢？

阿智：可以先单击"页眉和页脚工具"下的"设计"选项卡的"页眉和页脚"选项组中的"页码"按钮，在弹出的下拉菜单中选择"设置页码格式"命令，弹出"页码格式"对话框，在其中设置编号格式为罗马数字，设置起始页码为1，如图2-16所示。

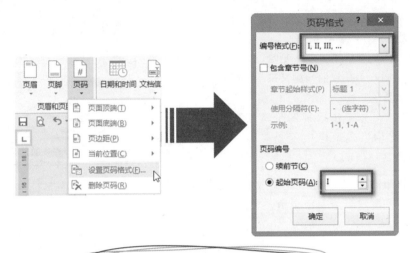

图2-16　页码格式改为罗马数字

小慧：现在页脚还是空空如也？

阿智：别着急，我们只是搞定了格式，还要搞定内容。

小慧：那干脆做成"第几页，共几页"的效果吧。

阿智：没问题，你可以按Ctrl+E组合键，使页码水平居中。

小慧：OK，又学一招！

阿智：再输入文字"第页，共页"，将光标移到插入页码的位置，单击"页眉和页脚工具"下的"设计"选项卡的"页眉和页脚"选项组中的"页码"按钮，下弹出的下拉菜单中选择"当前位置"→"简单"或"普通数字"命令，如图2-17所示。

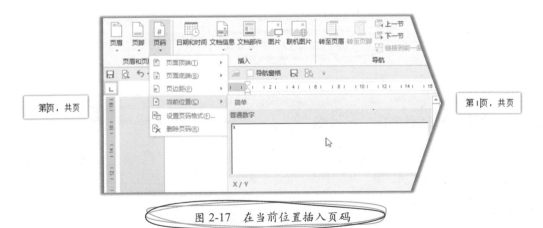

图2-17　在当前位置插入页码

小慧：欧了！

阿智：检查一下另外两页目录的页码是否准确？

小慧：第2页、第3页都有了！那如何插入目录的总页码呢？

阿智：用"域"。

小慧：域是什么？

阿智：域是Word中的一种特殊命令，通常是Word文档中的一些字段或变量。不过我觉得没必要了解太多，只要会用一些常用的域就行了。

小慧：难吗？

阿智：还是那句话，会者不难，难者不会。

小慧：嗯，学会了就不难。

阿智：没错！你先单击"插入"选项卡中"文本"选项组中的"文档部件"按钮，在弹出的下拉菜单中选择"域"命令，弹出"域"对话框，在"类别"下拉列表中选择"编号"选项，在"域名"列表框中选择SectionPages选项，在"格式"列表框中选择罗马数字格式，单击"确定"按钮，如图2-18所示。

图 2-18 插入本节总页数

小慧：这个域名不太好记，看来我要好好温习一下英语了。

阿智：学英语当然好，但不必强记。我通常先确定域的类别，缩小查找范围，对照域下面的说明文字，一般很快就能找到。

2.1.4 让页眉页脚首页不同

小慧：师傅，如果不需要首页显示页码，又该如何设置呢？

阿智：选中"页眉和页脚工具"下的"设计"选项卡中的"首页不同"复选框即可（见图2-19），你看看效果如何？

小慧：首页页脚不见了，我转到页眉看看。页眉这根水平线，太扎眼，怎么删除呢？

阿智：你自己先试试！

小慧：我全选（按Ctrl+A组合键）后，怎么用Del键和Backspace键都不能删除呢？

阿智：友情提醒，把TA看作表格的边框线。

小慧：哦，明白了！单击"开始"选项卡的"段落"选项组中的"边框"按钮，在弹出的下拉菜单中选择"无框线"命令，如图2-20所示。

图 2-19　选中"首页不同"复选框

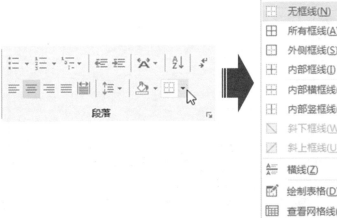

图 2-20　选择"无框线"命令

阿智： 如果其他目录页的页眉页脚需要装饰线，你觉得应该怎样操作呢？

小慧： 我想想。全选后，可以给页眉设置下框线，给页脚设置上框线，对吗？

阿智： 不错。

小慧： 再给页眉加两个字，感觉会更好些，如图2-21所示。

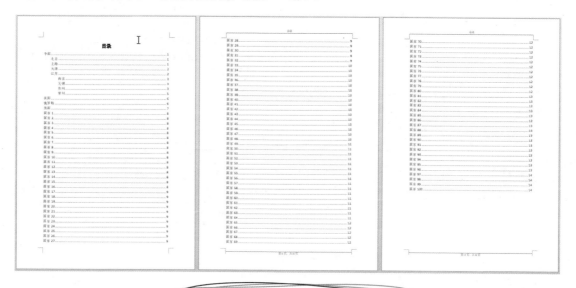

图 2-21　页眉页脚首页不同的效果

2.1.5　让页眉页脚奇偶页不同

阿智： 页眉页脚奇偶页不同，这种情况其实很常见，尤其是书籍，一般奇数页的页码靠右，偶数页的页码靠左。你知道为什么这么排版吗？

小慧： 我想，应该是方便读者查看页码吧？

阿智： 没错，不管多厚的书，不管翻到哪一页，让读者一眼就能看清两边的页码，而且可以体现不同的页面特色。不说废话了，你先切换到正文（第2节）首页的页脚，开始设置吧！

小慧： 先选中"页眉和页脚工具"下的"设计"选项卡的"选项"选项组中的"奇偶页不同"复选框？

阿智： 对，把"首页不同"复选框也选中吧。

小慧： 感觉越来越难了！

阿智： 切记一条，必须断开"链接到前一条页眉"如图2-22所示。

小慧：设置完毕！

阿智：有没有看到页眉左侧的提示信息？

小慧：看到了，"首页页眉-第2节-"，这个提示
很贴心哦。

阿智：对，事实上，如果"链接到前一条页眉"
未断开，还会在页眉右侧提示"与上一节
相同"。

小慧：嗯！

图 2-22　页眉页脚奇偶页不同且首页不同的设置

小慧：现在，你可以单击"下一节"按钮跳转到偶数页页眉了。

小慧：看到了，这里也有页眉提示，如图2-23所示。

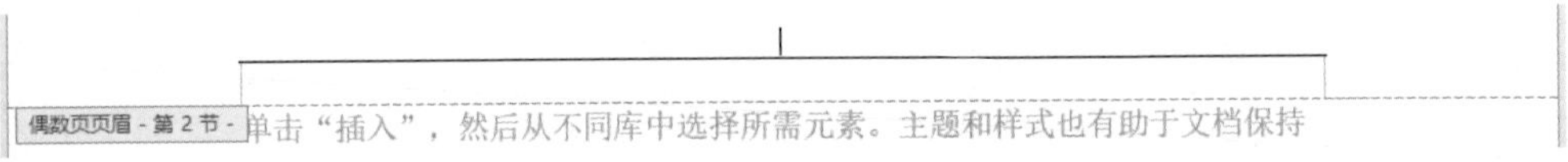

偶数页页眉 - 第 2 节 - 单击"插入"，然后从不同库中选择所需元素。主题和样式也有助于文档保持

图 2-23　页眉页脚两侧的提示信息

阿智：跟首页一样，这里也必须断开"链接到前一条页眉"。

小慧：确保首页、偶数页、奇数页的页码互不关联？

阿智：没错。偶数页搞定了，再单击"下一节"按钮跳转到奇数页页眉。

小慧：也要断开"链接到前一条页眉"吧。

阿智：对！假如你想检查或修改之前的设置，可以通过单击"上一节"按钮返回偶数页页眉，直到首页
页眉。

小慧：看来，断开"链接到前一条页眉"是关键！

阿智：恭喜你答对了！

小慧：那页眉设置好了，是否单击"转至页脚"按钮，对页脚进行同样的设置？

阿智：没错！同样，必须断开"链接到前一条页脚"！

小慧：OK，设置完毕！首页一般不需要页眉页脚吧？

阿智：对！

小慧：那我直接跳转到"偶数页页脚-第2节-"，偶数页的页码一般在左侧？

阿智：没错，Come on！

小慧：单击"页眉和页脚工具"下的"设计"选项卡的"页眉和页脚"选项组中的"页码"按钮，在弹
出的下拉菜单中选择"当前位置"→"简单"或"普通数字"命令，如图2-24所示。

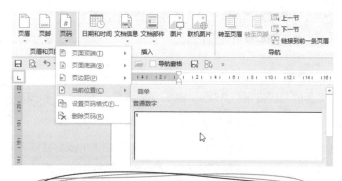

图 2-24　在当前位置插入普通数字页码

阿智：对，再搞定总页码！

小慧：好，我先输一个"/"符号。现在单击"插入"选项卡的"文本"选项组中的"文档部件"按钮，在弹出的下拉菜单中选择"域"命令？

阿智：对，弹出"域"对话框，然后在"类别"下拉列表框中选择"编号"选项，在"域名"列表框中选择SectionPages选项。

小慧：其他参数保持默认，单击"确定"按钮，如图2-25所示。

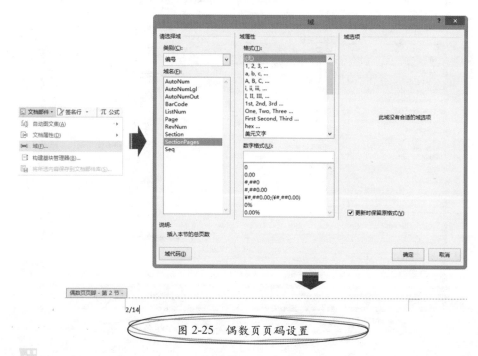

图 2-25　偶数页页码设置

阿智： 没错！默认阿拉伯数字即可。那奇数页的页码应该如何搞定呢？

小慧： **依葫芦画瓢，再做一遍，然后右对齐呗！**

阿智： 就不能偷个懒？

小慧： **按Ctrl+C和Ctrl+V组合键？**

阿智： 对啊，只要将偶数页的页码复制到奇数页，然后简单调整一下即可，如图2-26所示。

图 2-26　将偶数页页码复制到奇数页

小慧： 师傅，那现在很多书上的页眉都有动态的章节信息，这种效果应该如何实现呢？

阿智： 继续请"域"哥帮忙啊！

小慧： 好吧，貌似"域演域烈"了！

阿智： 哈哈！只要在"类别"下拉列表框中选择"链接和引用"选项，在"域名"列表框中选择StyleRef
选项，然后选择要插入的样式标题即可，如图2-27所示。

图 2-27　在页眉页脚插入当前页的标题信息

小慧：传说中的"奇偶页不同"终于搞定啦，如图2-28所示。

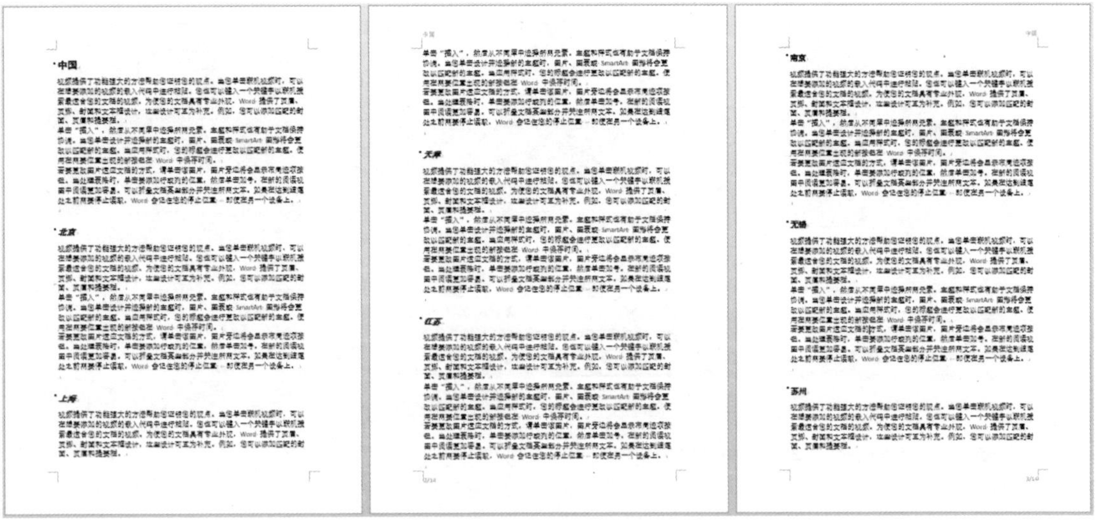

图 2-28　页眉页脚奇偶页不同的效果

2.1.6　费脑的分栏页码

阿智：其实还有更变态的页码，你想学吗？

小慧：当然啦！

阿智：Word文档有时需要分栏显示页码，如试卷、宣传折页等。

小慧：这种页码应该如何设置呢？

阿智：先模拟一张A4试卷。

小慧：按Ctrl+N组合键新建一个文档，然后单击"页面布局"选项卡的"页面设置"选项组中的"纸张方向"按钮，在弹出的下拉菜单中选择"横向"命令吗？

阿智：没错。再弄10个段落并且每个段落有10句话的虚拟文本。

小慧：好吧，输入"=rand(10,10)"再按Enter键？

阿智：OK！现在全选（按Ctrl+A组合键）所有内容，单击"页面布局"选项卡的"页面设置"选项组中的"分栏"按钮，在弹出的下拉菜单中选择"两栏"命令，分成两栏，如图2-29所示。

接下来的步骤，建议显示编辑标记（按Ctrl+*组合键），以便查看并编写域代码。

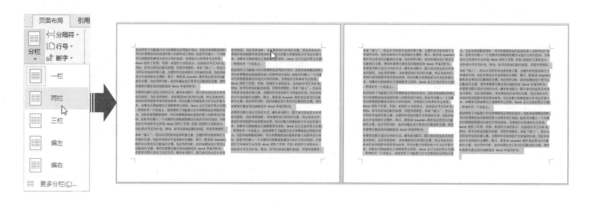

图 2-29　分栏效果

小慧：OK！

阿智：先切换至页脚，使用Ctrl+F9组合键插入域，如图2-30所示。

{ | }

图 2-30　在左栏页脚处插入域

小慧：可以用键盘上的两个大括号键直接输入吗？

阿智：绝对不可以！因为这是域代码的专用符号，千万不能用键盘上的大括号代替。

小慧：光标两边的小灰点，应该是空格吧？

阿智：对，而且是半角空格，这也是域的专用符号，主要起到分隔命令参数的作用。现在，在西文状态下输入文字"=2*"，然后再次插入一个域（按Ctrl+F9组合键），如图2-31所示。

{ =2*{ | } }

图 2-31　分栏页码设置中的域嵌套

小慧：为什么这样做呢？

阿智：先按部就班写，一会儿再告诉你原因。

小慧：好吧。

阿智：输入文字"Page"，将光标往后移2个半角空格，再输入文字"-1"，如图2-32所示。

{ =2*{ page }-1 }

图 2-32　左栏页码的域代码

小慧：感觉好难啊！

阿智：事实上，到此为止你已经搞定啦！接下来显示域值。

小慧：怎么显示呢？

阿智：全选（按Ctrl+A组合键）整个页脚，再右击，在弹出的快捷菜单中选择"切换域代码"命令，如图2-33所示。

小慧：果然显示页码了，好神奇的域啊！师傅，现在能让我"知其所以然"了吗？

阿智：好，这个域的意思是当前页码的2倍减1，可以按Alt+F9组合键切换域代码，返查公式。

小慧：那照您这种思路，右栏页码应该是当前页码的2倍吗？

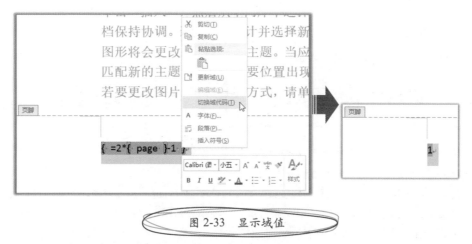

图 2-33 显示域值

阿智：对。如果分成三栏，从左到右应该如何依次设置页码呢？

小慧：我想想。应该分别是当前页码的2倍减2、2倍减1以及2倍。

阿智：非常好！就要这样举一反三。

小慧：那能否将左栏页码直接复制到右栏页码，然后修改域代码呢？

阿智：当然可以！

小慧：问题是，为什么我一复制和粘贴，页码位置就乱了呢？

阿智：复制左栏页码的域代码时，要先按住鼠标左键从左到右拖动（默认包含段落标记），然后杀个回马枪，往左回一下，直到只选中域代码时释放鼠标，完成选择后复制（按Ctrl+C组合键），如图2-34所示。

图 2-34 只选中域代码（不含段落标记）

小慧：那怎么将右栏页码放在页脚最右侧呢？

阿智：只要双击右栏最右侧即可（"Word选项"对话框中默认选中"即点即输"复选框），然后粘贴（按Ctrl+V组合键），如图2-35所示。

图 2-35 利用"即点即输"直接进入页脚最右侧并粘贴左栏页码

小慧：真是成败在细节啊！

阿智：呵呵，现在就可以切换域代码（按Alt+F9组合键）修改右栏页码了。

小慧：只要删除"–1"就可以了吧，如图2-36所示。

$$\{ =2*\{ \text{ page } \}-1 \} \quad \Rightarrow \quad \{ =2*\{ \text{ page } \} \}$$

图2-36　修改右栏页码的域代码

阿智：显示域值（按Alt+F9组合键）检验一下。

小慧：哈哈！完全正确。我再把页码的字号加大些（按Ctrl+>组合键），然后退出页脚（按Esc键或双击主页面），隐藏编辑标记（按Ctrl+*组合键），缩小显示比例（按Ctrl+鼠标滚轮组合键），查看一下分栏页码效果，如图2-37所示。

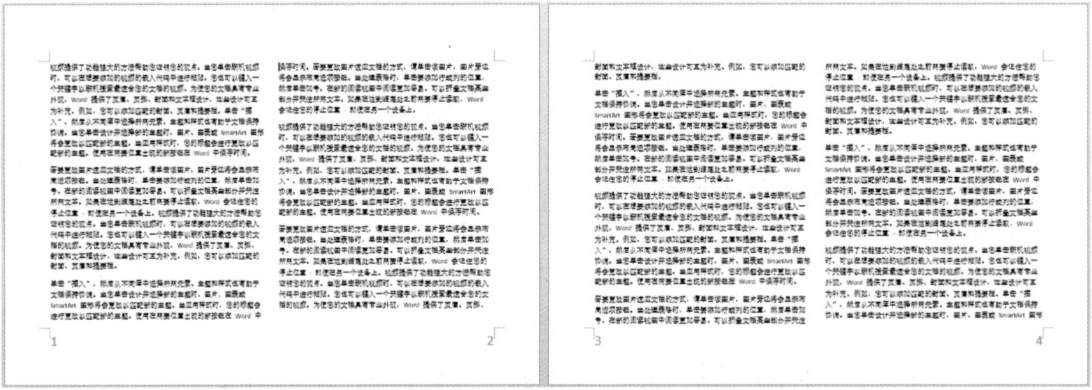

图 2-37　分栏页码效果

2.1.7　纵横页面混搭

阿智：我再来考考你，一个文档中既有纵向页面，也有横向页面，这种效果怎样实现？

小慧：貌似之前你提到过，也是利用Word的分节功能吧。

阿智：没错，但"狮屎胜于熊便"，我要看你操作一遍。

小慧：好，我试试。先新建一个Word文档，再单击"页面布局"选项卡的"页面设置"选项组中的"分隔符"按钮，在弹出的下拉菜单中选择"分节符"下的"下一页"命令，完成分节并分页，如图2-38所示。

图 2-38　第一次分节分页

阿智：不错，继续！

小慧：再单击"页面布局"选项卡的"页面设置"选项组中的"纸张方向"按钮，在弹出的下拉菜单中选择"横向"命令，将当前节（第2节）的页面设置为横向，如图2-39所示。

图 2-39　将第 2 节的纸张设置为横向

阿智：很好！那如果除了第2页横向外，其余页面全部纵向，又该如何设置呢？

小慧：再次单击"页面布局"选项卡的"页面设置"选项组中的"分隔符"按钮，在弹出的下拉菜单中选择"分节符"下的"下一页"命令，并单击"页面布局"选项卡的"页面设置"选项组中的"纸张方向"按钮，在弹出的下拉菜单中选择"纵向"命令，将第3节的纸张设置为纵向，如图2-40所示。

图2-40　第2次分节分页并将纸张设置为纵向

阿智：Pass！

2.1.8　制作封面不算事儿

小慧：师傅这一番悉心指教，真是令我对Word刮目相看啊！

阿智：嘴巴这么甜，又有什么企图了吧？

小慧：嘿嘿，我这点小心思，哪逃得过您老人家的法眼呢？

阿智：说吧。

小慧：再教我做几个漂亮的封面吧！

阿智：其实封面不算什么事儿，随便挑一个Word内置封面改改就行。

小慧：啊，从未听说过，哪来的内置封面？

阿智：单击"插入"选项卡的"页面"选项组中的"封面"按钮，如图2-41所示。

小慧：原来如此！

阿智：可以拖动右侧移滚动条查看封面库，也可以单击"Office.com中的其他封面"按钮查看微软官网资源，选中一个作为封面；另外，还可以删除当前封面或将所选内容保存到封面库，如图2-42所示。

图 2-41 单击"封面"按钮

图 2-42 查看封面库

小慧：那如何更改或删除封面中的内容呢？

阿智：如果想更改图片，可以右击图片，在弹出的快捷菜单中选择"更改图片"命令；如果你想修改文字，可以在内容控件中直接编辑或删除文字；如果想删除某个内容控件，可以右击内容控件，在弹出的快捷菜单中选择"删除内容控件"命令，如图2-43所示。

图 2-43 右击图片或内容控件以选择相应操作

2.2 排版达人就这么 "装"

在阿智的耐心指导下，小慧开始对Word有了全新的认识，不但很快学会了Word文档的结构化，而且掌握了目录和页码的制作要领。可是一想到各式各样的文档要求和自己那点排版水平，她觉得很有必要趁机向阿智多多请教一番。

2.2.1 普通 "设计湿"

小慧：师傅，有没有什么好办法既不影响Word结构，又能快速美化文档呢？

阿智：当然有！利用主题和样式。

小慧：主题是什么？

阿智：还是让 "Word君" 自己跟你解释吧！打开2.1.5节的文档，先看一下 "设计" 选项卡里有什么。

小慧：左边第一个就是 "主题" 按钮。

阿智：没错，你把鼠标指针移到 "文档格式" 选项卡中的 "主题" 按钮，停留片刻，如图2-44所示，看到屏幕提示了吗？

小慧：看到了，"当前：Office主题"。

阿智：是的，还提示你可以更换主题并赋予文档即时样式和适当的个性。主题的概念，就是这些。

小慧：大概明白了，不过还是有点抽象。

阿智：没关系，可以单击下面的 "详细信息" 按钮，搜索联机帮助。Word帮助是最好的老师，建议你多多使用。

图 2-44　屏幕提示功能说明

小慧：没想到微软考虑了这么多细节啊！

阿智：好东西有的是！现在单击"主题"按钮，看看有什么好玩的。

小慧：貌似除了Office主题之外，还有更多主题可以选择。

阿智：没错，再把鼠标指针移到其他主题（如"积分"主题）上，如图2-45所示，有什么变化？

图 2-45　在不同主题之间移动光标并观察页面变化（所见即所得）

小慧：哇！这就是传说中的"所见即所得"吧？我就选这个"积分"主题了。

阿智：好。现在把鼠标指针移到"文档格式"选项组"传统样式"按钮，看看又有什么变化，如图2-46所示。

小慧：标题下面加了条线，颜色也变漂亮多了！

阿智：如果想要看更多的样式集，可以单击"其他"按钮。看看这个"流行"的样式集效果如何，如图2-47所示。

图 2-46　将默认主题的样式改为"传统样式"

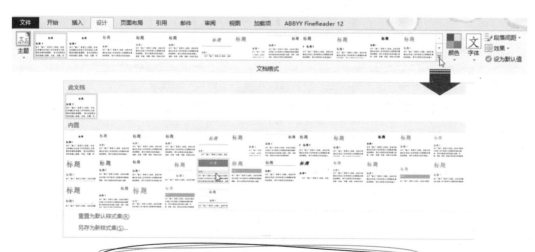

图 2-47　单击"其他"按钮选取更多样式集

小慧：好看！就换TA了，如图2-48所示。

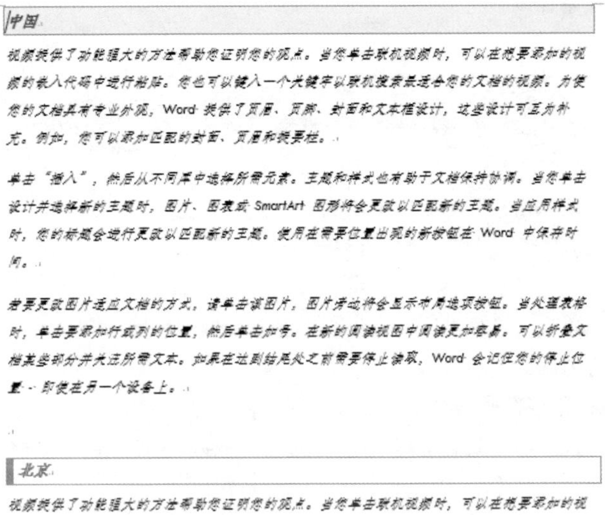

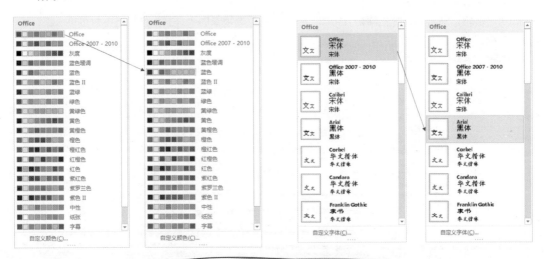

图 2-48　"流行"样式集的排版效果

阿智：还可以通过"颜色"、"字体"、"段落间距"等选项，更改或自定义各种风格效果，如图2-49
　　　所示。

图 2-49　更改主题颜色和字体

小慧：看来Word的功能超乎我想象啊！

阿智：没错，有空好好琢磨琢磨吧。

2.2.2　文艺"设计湿"

小慧：师傅，如果所有主题风格，我都不太喜欢呢？

阿智：怕跟别人撞衫？

小慧：额，你怎么知道？

阿智：子曰，女人衣柜里永远少一件衣服，女人鞋柜里永远少一双鞋。

小慧：好吧，我承认我有内涵。

阿智：轮到我无语了。你想从哪里改起？

小慧：就"中国"这里吧，最好不要边框线，填充颜色深一点，字体颜色改成白色，字再大一点。

阿智：明白，让样式来大显身手吧！

小慧：样式？就是快速生成文档结构图的那个样式（见1.2.2节）？

阿智：对，样式是字体、字号、段落等格式设置命令的组合，它包含了对正文、标题、页眉、页脚等内容设置的格式。当将某样式应用于文档中的某些段落后，这些段落将保持完全相同的格式设置，而一旦修改了该样式，这些段落格式将随之发生改变。

小慧：感觉超厉害的样子！

阿智：厉不厉害，马上见证！你看，"中国"在"开始"选项卡的"样式"选项组中对应哪一级标题？

小慧：标题1。

阿智：没错，右击"标题1"按钮，弹出下拉菜单，选择"修改"命令，如图2-50所示。

图2-50　选择"修改"命令

小慧：弹出"修改样式"对话框，接下来怎么设置呢？

阿智：建议先选中"自动更新"复选框，再单击"格式"按钮，在弹出的下拉菜单中选择"边框"命令，如图2-51所示。

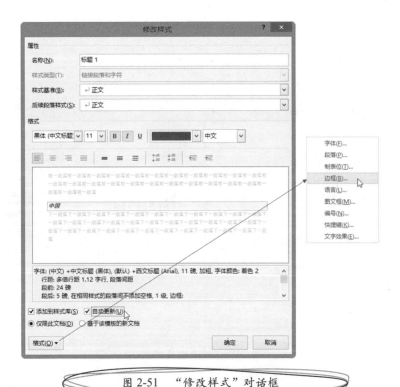

图 2-51　"修改样式"对话框

小慧：噢，弹出"边框和底纹"对话框，改成无边框，如图2-52所示。

图 2-52　设置为无边框

阿智：没错，注意观察预览区域的变化。当然，也可以通过单击预览区左边和下边的四个按钮来修改边框。

小慧：明白，很直观！

阿智：边框搞定，就可以切换到"底纹"选项卡，改成你喜欢的填充颜色，如图2-53所示。

图 2-53　修改填充颜色

小慧：完成修改后单击"确定"按钮。

阿智：对，返回"修改样式"对话框，检查一下预览效果。

小慧：再单击"确定"按钮。

阿智：没错。

小慧：咦！标题文字怎么不见了呢？

阿智：别紧张，这是因为你没有修改文字颜色。一旦修改了这个标题的文字颜色，其他同类标题的颜色也会自动更新。

小慧：真的么？

阿智：对，因为刚才修改样式时选中了"自动更新"复选框！

小慧：原来如此！我马上修改字体颜色。果然，所有一级标题都自动更新了！太方便啦，如图2-54所示。

阿智：除此之外，还有一种方法可以批量更新样式。

小慧：怎么做呢？

阿智：单击"导航"任务窗格中的二级标题"北京"。

小慧：利用"导航"任务窗格定位真快啊！

阿智：可以设置一下水平居中（按Ctrl+E组合键），然后在"开始"选项卡的"样式"选项组中右击当

前样式（标题2），在弹出的快捷菜单中选择"更新标题2以匹配所选内容"命令，"标题2"样式
立即自动更新，如图2-55所示。

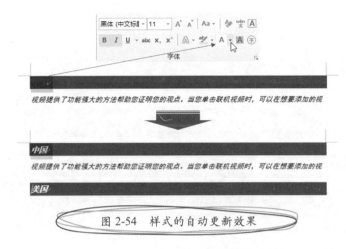

图 2-54　样式的自动更新效果

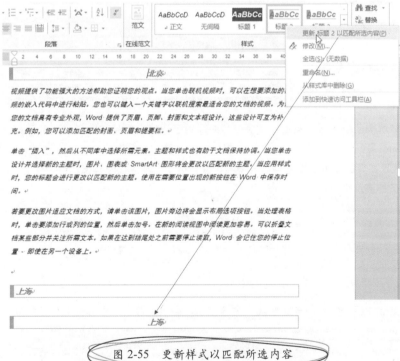

图 2-55　更新样式以匹配所选内容

小慧：哇！真是异曲同工，妙不可言！

阿智：如果想了解样式的更多功能，可以通过"样式"任务窗格按Ctrl+Alt+Shift+S组合键进行更多设置，时间关系就不啰唆了。

小慧：好，看来以后我一定要多琢磨琢磨了！

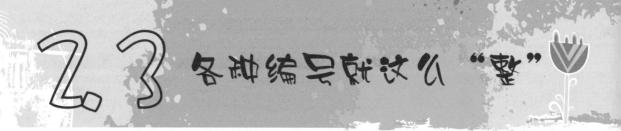

2.3　各种编号就这么"整"

2.3.1　标题编号

阿智：下面帮你解决多级编号的问题。多级编号必须能够适应文档结构的变化而自动更新；如果采用普通的自动编号或手工编号，一旦进行文档结构大调整，不但修改烦琐，而且难免错误。

小慧：是啊，我现在弄的规章制度就是这种情况，太纠结了，那应该怎样操作呢？

阿智：沿用2.2节的演示文档，OK？

小慧：好！

阿智：先单击"开始"选项卡的"段落"选项组中的"多级列表"按钮，在弹出的下拉菜单中选择"定义新的多级列表"命令，在弹出的"定义新多级列表"对话框中，单击左下角的"更多"按钮，如图2-56所示。

小慧：先定义1级列表？

阿智：对，将光标移到"输入编号的格式"文本框内，在自动编号"1"的前后可以输入任意文字，如"第"和"篇"（注：切勿以手工编号替代自动编号）；在"此级别的编号样式"下拉列表框中选择"一，二，三（简）…"，此时自动编号将自动变成一；在"将级别链接到样式"下拉列表框中选择"标题1"选项。请注意观察预览图中的即时变化，如图2-57所示。

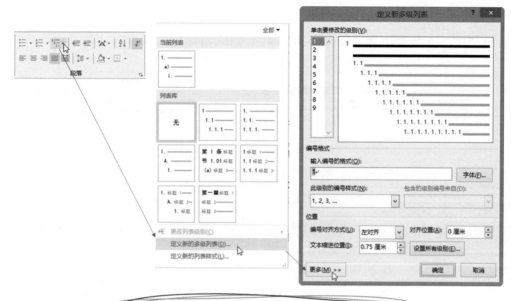

图 2-56 打开"定义新多级列表"对话框

小慧：看到了，非常直观！

阿智：好！接下来定义2级列表。在"将级别链接到样式"下拉列表框中选择"标题2"选项，选中"正规形式编号"复选框，并确认"起始编号"为"1"，如图2-58所示。

图 2-57 定义 1 级列表　　　　　图 2-58 定义 2 级列表

小慧：编号格式和预览效果也自动更新了，这个"正规形式编号"真是神奇啊！

阿智：没错。以此类推，对3级编号、4级编号进行设置，如图2-59所示。

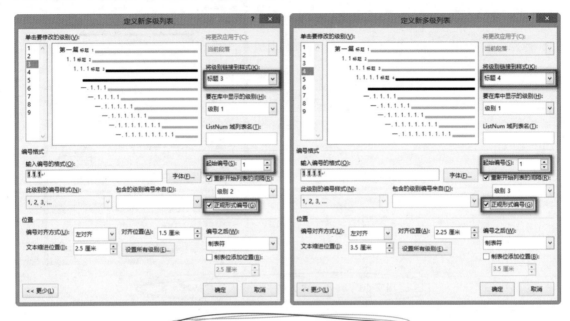

图 2-59　定义 3、4 级列表

小慧：预览图中有缩进的效果，如果全部取消缩进，又该如何操作呢？

阿智：只要单击"设置所有级别"按钮，将各级编号的文字位置和缩进量全部设置为0，单击"确定"按钮返回"定义新多级列表"对话框，预览图随之发生变化，如图2-60所示。

小慧：哦，搞定！

阿智：此外，编号之后默认制表符，可以改成空格或不特别标注，如图2-61所示。

　　其他的参数设置，有时间你慢慢玩吧。现在可以单击"确定"按钮查看效果了。

小慧：果然自动生成多级编号了……咦！奇怪，怎么标题编号错位了呢（见图2-62）？

阿智：别紧张，可以返回操作，重新定义新的多级列表，设置"起始编号"为"一"即可，如图2-63所示。

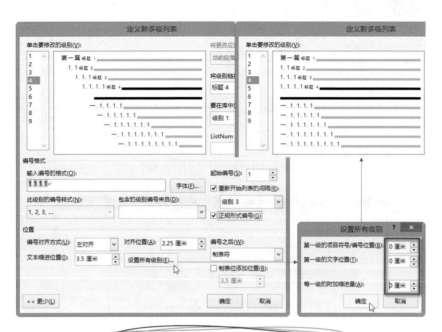

图 2-60 设置所有级别的编号位置

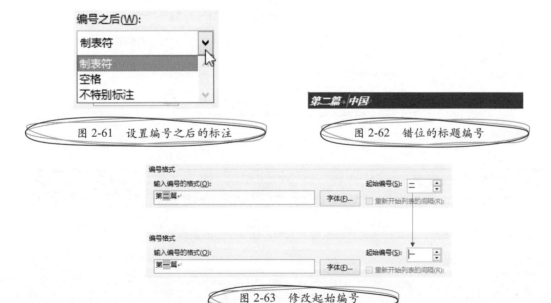

图 2-61 设置编号之后的标注

图 2-62 错位的标题编号

图 2-63 修改起始编号

小慧：果然奏效！可是为什么会出现这种情况呢？

阿智：微软偶尔也会恶作剧！

小慧：无语……

阿智：现在，你可以见证多级列表的神奇了。

小慧：果然神奇啊！不管文档结构发生什么变化，各级编号和对应的标题样式都会自动更新。

阿智：别忘了更新目录哦！

小慧：可是，怎么目录标题前面也有编号了呢？

阿智：可能还是微软的恶作剧吧。把目录标题的样式修改为"标题"试试，如图2-64所示。

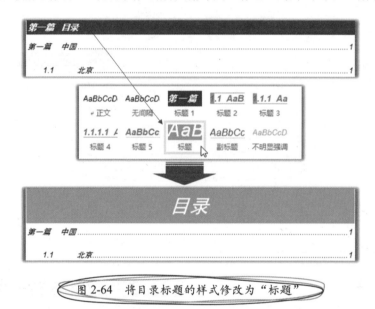

图 2-64　将目录标题的样式修改为"标题"

小慧：正确！我再更新一下目录。

2.3.2 图表编号

阿智：其实，除了标题编号，图片和表格往往也需要编号，以便生成图表索引目录或交叉引用。

小慧：感觉越来越"高大上"了。

阿智：想学吗？

小慧：当然！多多益善。顺便问下师傅大人，除单击"插入"选项卡的"插图"选项组中的"图片"按钮外（见图2-65），还有其他方式插入图片吗？

阿智: 按Ctrl+C和Ctrl+V组合键也可以。

小慧: 这么简单的方法，我怎么没有想到呢？那就用这张图吧。

阿智: 好，右击图片，在弹出的快捷菜单中选择"插入题注"命令，如图2-66所示。

图 2-65　单击"图片"按钮

图 2-66　选择"插入题注"命令

小慧: 好，弹出了"题注"对话框。

阿智: 没错，可以选择一个内置标签，也可以新建一个标签，如图2-67所示。

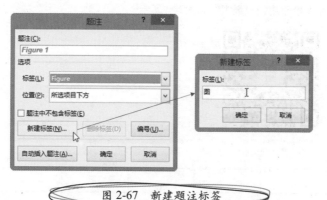

图 2-67　新建题注标签

小慧: 那能按章节编号吗？

阿智: 当然可以。只要单击"编号"按钮，在弹出的"题注编号"对话框中选中"包含章节号"复选框，在"章节起始样式"下拉列表框中选择一个标题样式（如标题2）即可，如图2-68所示。

图 2-68　题注按章节编号

小慧：哦，这个编号后面可以加上文字说明吗？

阿智：Of course！

小慧：那表格编号的制作方法应该也差不多吧。

阿智：没错。如果需要对表格单独编号，只要改个标签就行；或者与图片共用一个标签。

小慧：哦，我把刚才的新标签改成"图表"，就可以共用了吧。

阿智：可以。反应这么快，你这是最强大脑啊！

小慧：师傅过奖啦！咦，好像不能直接改标签。

阿智：对，可以删除后重新添加。

小慧：搞定！请师傅大人检验我的成果吧，如图2-69所示。

图表 1.1-1 扫我可以别吻我

图表 1.1-2 别在上面乱填哦

图 2-69　图表编号制作成果

阿智：哈哈哈！

小慧：图表也可以设置目录吧？

阿智：当然，只要单击"引用"选项卡的"题注"选项组中的"插入表目录"按钮，弹出"图表目录"
　　　对话框，在"题注标签"下拉列表框中选择"图表"选项，取消选中"使用超链接而不使用页
　　　码"复选框，最后单击"确定"按钮即可，如图2-70所示。

图 2-70　插入图表目录

小慧：跟目录完全一样，这样查询图表就方便多了，如图2-71所示。

图表 1.1-1 扫我可以别吻我 1

图表 1.1-2 别在上面乱填哦 1

图 2-71　图表目录效果

2.3.3 注解编号

小慧：师傅，我突然想到还有一种编号。

阿智：说来听听。

小慧：很多书中会在一些人名或专业术语旁添加注解编号，这种效果如何实现呢？

阿智：用脚注或尾注呀。

小慧：请师傅指点！

阿智：单击"引用"选项卡的"脚注"选项组中的"插入尾注"按钮，跳转至文尾，输入尾注的文字说明即可。如果需要返回或切换，只要单击"引用"选项卡的"脚注"选项组中的"显示备注"按钮即可，如图2-72所示。

小慧：那尾注的编号格式可以修改吗？

阿智：当然，只要单击"引用"选项卡的"脚注"选项组中的"更多"按钮，在弹出的"脚注和尾注"对话框中修改编号格式即可，如图2-73所示。

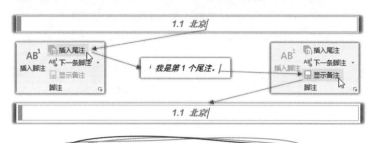

图 2-72　插入尾注并显示备注

图 2-73　"脚注和尾注"对话框

小慧：那脚注又是什么呢？

阿智：脚注与尾注非常相似，主要差别在于注解位置与默认编号格式。脚注位于页尾，默认编号格式为
　　　阿拉伯数字。单击"引用"选项卡的"脚注"选项组中的"插入脚注"按钮，输入脚注的文字说
　　　明，一个脚注就生成了，如图2-74所示。

小慧：真是好玩又好用。

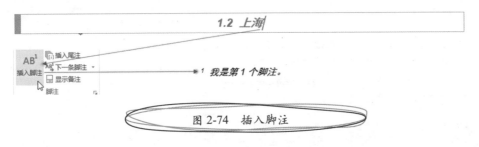

图 2-74　插入脚注

2.4　交叉引用、书签与超链接

阿智：在长文档中，图表、公式、数据等内容往往被多处引用，此时就会用到交叉引用功能。

小慧：莫非，图表编号（题注）就是为交叉引用而生？

阿智：可以这么理解。在需要交叉引用的地方，单击"引用"选项卡的"题注"选项组中的"交叉引
　　　用"按钮，如图2-75所示。

小慧：如果引用刚才那张图片，应该如何设置呢？

阿智：在弹出的"交叉引用"对话框的"引用类型"下拉列表框中选择"图表"选项，在"引用内容"
　　　下拉列表框中通常选择"只有标签和编号"选项，在"引用哪一个题注"列表框中选择刚才那张
　　　图片，单击"插入"按钮，如图2-76所示。

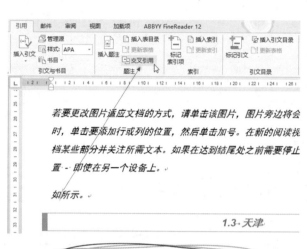

图 2-75　单击"交叉引用"按钮

图 2-76　"交叉引用"对话框

小慧：明白。

阿智：好，现在把光标移到交叉引用的内容处，看有什么变化？

小慧：会有信息提示，当按住Ctrl键时光标会变成手形，单击就能访问链接，如图2-77所示。

图 2-77　在交叉引用处按住 Ctrl 键并单击可访问链接

阿智：对，会跳转到引用的图片处。

小慧：这个功能很实用！那怎么返回呢？

阿智：使用Alt+→组合键，就能返回；使用Alt+←组合键，能再次访问链接。

小慧：嘿嘿，我又学了一招！

阿智：其实交叉引用还有一个经典应用案例呢！

小慧：什么应用案例？请师傅大人不吝赐教！

阿智：唉，我怎么这么无私、这么伟大呢！先在文档末尾模拟5条参考文献吧。

　　话音刚落，只见小慧已将光标移到文尾（按Ctrl+End组合键）并按Enter键，然后在半角英文状态下输入文字"=rand(5,1)"，按Enter键后立即生成5段虚拟文本。

小慧：请师傅指示！

阿智：真是说时迟那时快啊！先选中这5段虚拟文本，再单击"开始"选项卡的"段落"选项组中的"编号"按钮，在弹出的下拉菜单中选择"定义新编号格式"命令，在弹出的"定义新编号格式"对话框中修改编号格式（在保留自动编号1的前提下，由"1."改为"[1]"），单击"确定"按钮，完成对参考文献的编号设置，如图2-78所示。

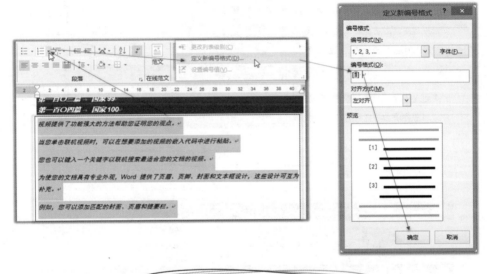

图 2-78　定义新编号格式

小慧：师傅威武！

阿智：现在将光标移到需要引用参考文献的任意位置，单击"引用"选项卡中的"交叉引用"按钮，弹出"交叉引用"对话框，在"引用类型"下拉列表框中选择"编号项"选项，在"引用内容"下拉列表框中选择"段落编号"选项，在"引用哪一个编号项"列表框中选择你要引用的参考文献，最后单击"插入"按钮，如图2-79所示。

小慧：参考文献的编号成功插入。可是，最好设置为上标吧。

阿智：没错，可以选中这个编号，使用Ctrl+Shift++组合键，设置为上标，如图2-80所示。

小慧：这样就漂亮多了！唉，如果当初知道这么做，我的毕业论文就无敌啦！

阿智：除了参考文献，还可以交叉引用书签。

小慧：哇，请师傅继续支招！

阿智：首先，要有书签内容（如一个数据），然后选中TA。

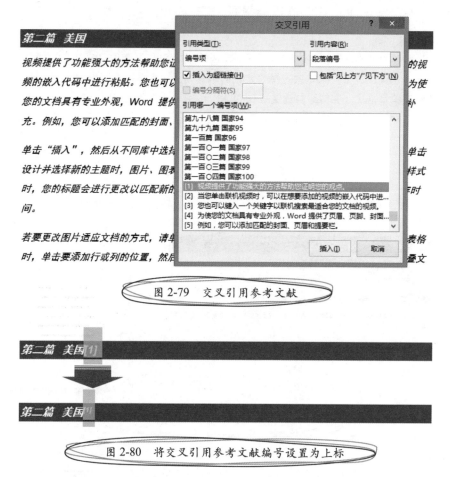

图 2-79　交叉引用参考文献

图 2-80　将交叉引用参考文献编号设置为上标

小慧：那我模拟一个数据（输入"123456789"）吧！

阿智：好，选中这个数据，单击"插入"选项卡的"链接"选项组中的"书签"按钮，弹出"书签"对话框，修改书签名（如改为"数据1"），单击"添加"按钮，如图2-81所示。

小慧：哦，那接下来该怎样操作呢？

阿智：在需要引用书签处，单击"引用"选项卡的"题注"选项组中的"交叉引用"按钮，弹出"交叉引用"对话框，在"引用类型"下拉列表框中选择"书签"选项，在"引用内容"下拉列表框中选择"书签文字"选项，在"引用哪一个书签"列表框中选择你要插入的书签，最后单击"插入"按钮，如图2-82所示。

小慧：搞定！

阿智：如果要多处引用同一个数据，只需如法炮制即可，如图2-83所示。

小慧：受益匪浅啊！

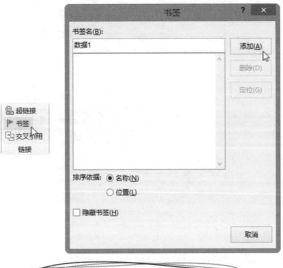

图 2-81　添加书签

图 2-82　交叉引用书签

> 123456789 视频提供了功能强大的方法帮助您证明您的观点。当您单击联机视频时，可以在想
> 要添加的视频的嵌入代码中进行粘贴。您也可以键入一个关键字以联机搜索最适合您的文档的
> 视频。为使您的文档具有专业外观，Word 提供了页眉、页脚、封面和
> 可互为补充。例如，您可以添加匹配的封面、页眉和提要栏。123456789
>
> 数据1
> 按住 Ctrl 并单击可访问链接

图 2-83　交叉引用书签效果

阿智：补充一下，如果需要在Word中插入超链接，请单击"插入"选项卡的"链接"选项组中的"超链接"按钮，在弹出的对话框中选择链接的内容就OK了。有兴趣的话自己玩一下吧。

小慧：多谢师傅指教！

2.5 小结和练习

2.5.1 小结

本章主要介绍了Word排版常用的功能，如自动目录、各种页码、主题、样式、多级列表、题注、脚注尾注、交叉引用、书签和超链接等，掌握这些技巧可以在Word排版文档时事半功倍、游刃有余。

2.5.2 练习

排版一个Word长文档，并参照本篇方法设置各级标题、多级编号、页码和目录，并尝试添加题注和图表目录等。

03

图表篇

3.1 表格图表就这么"套"

通过阿智的指导和自己的不断实践，小慧的Word排版水平有了显著提高，但不久，她又开始纠结另外一个问题：表格。

3.1.1 如何快速美化表格

小慧：师傅，我又要厚着脸皮向你请教啦！

阿智：貌似我已经习惯了，这次又是什么刁钻问题？

小慧：我快被Word里的表格逼疯了。

阿智：至于吗？来，用我的计算机消消气吧。

恭敬不如从命，小慧坐到阿智的计算机前，打开Word，单击"插入"选项卡中的"表格"按钮，在弹出的下拉菜单中选择"插入表格"命令，插入一张6列30行的表格，如图3-1所示。

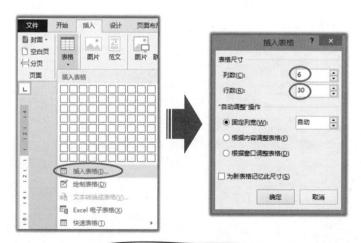

图 3-1　插入表格

　　然后，在标题行输入文字，如图3-2所示。

小慧：**关于表格，我有一堆问题要问师傅。**

阿智：别急，饭要一口一口吃，问题要一个一个解决！

小慧：**好吧，我的第一个问题是，怎么把这样的表格做得漂亮些呢？**

阿智：用表格工具。

小慧：**哪来的表格工具？**

阿智：当表格被选中或编辑时，功能区上就会出现"表格工具"，如图3-3所示；当光标在表格外时，
　　　"表格工具"自动消失。图片、形状等都有这种"工具跟随"功能。

序号	品名	规格型号	数量	单价	金额

图 3-2　标题行

图 3-3　表格工具

小慧：**真是"远在天边，近在眼前"呐！我怎么总是视而不见呢！**

阿智：微软这么贴心的功能，如果不用实在可惜。现在可以把光标移到"表格工具"下的"设计"选项
　　　卡的"表格样式"选项组上，看看会有什么情况。

小慧：**光标移到某个表格样式，表格就会发生相应的变化，如图3-4所示。**

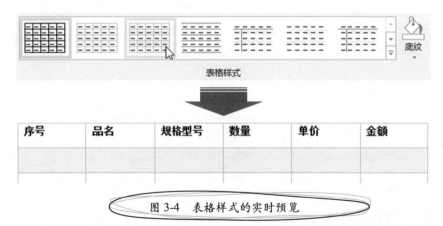

图 3-4　表格样式的实时预览

阿智：对，单击可直接套用该表格样式。

小慧：**确实很方便。**

阿智：单击"其他"按钮，可以选择更多表格样式。此外，还可以新建、修改或清除表格样式，如图3-5
　　　所示。

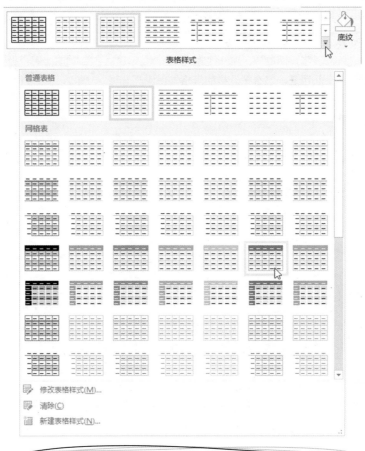

图 3-5　单击"其他"按钮进行更多表格样式的设置

3.1.2　如何在每一页显示表头

小慧：第2个问题，这种分页显示的表格，如何让表头每页都显示呢？

阿智：只要先选定标题行（单行或多行均可），再单击"表格工具"下的"布局"选项卡中的"数据"选项组中的"重复标题行"按钮即可，如图3-6所示。

小慧：这个"重复标题行"功能太帅了！

图 3-6　重复标题行

3.1.3　如何快速填制并更新编号

阿智：那你的第3个问题呢？

小慧：表格里面经常用到编号，如果增删记录，可以自动更新这些编号吗？

阿智：当然可以！先选中需要自动编号的单元格区域，然后单击"开始"选项卡的"段落"选项组中的"编号"按钮，在弹出的下拉菜单中选择一种编号格式即可，如图3-7所示。

小慧：就这样？

阿智：没错。可以任意增加几行或删除几行，试试看。

小慧：果然会自动更新编号！

阿智：我再教你一个批量填充的方法。先复制某个文本（如"产品"），再选中某个单元格区域（如"品名"列中的所有空白单元格），粘贴（快捷键为Ctrl+V）。最后在"开始"选项卡的"段落"选项组中的"编号"按钮，在弹出的下拉菜单中选择一种编号格式，如图3-8所示。

小慧：好玩！

阿智：这些编号还可以转换成文本。

小慧：我不会！怎么转？

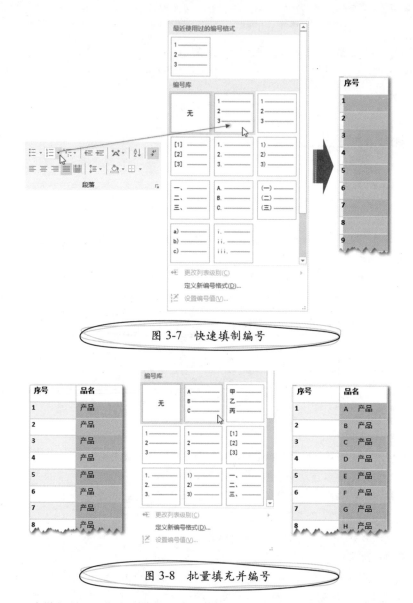

图 3-7　快速填制编号

图 3-8　批量填充并编号

阿智：按Ctrl+C组合键复制，再将这些带序号的内容粘贴到记事本，每个序号和内容之间将出现一个制
　　　表位。复制一个制表位，打开"替换"对话框（快捷键为Ctrl+H），将其粘贴到"查找内容"文
　　　本框中，单击"全部替换"按钮。然后复制记事本中的所有内容，并粘贴到Word，即可替换原有
　　　内容，如图3-9所示。

图 3-9　借助记事本将编号转换成文本

小慧：生命在于折腾！

阿智：哈哈，其实我是为下面的排序做准备的。

3.1.4　如何对表格中的数据进行排序

小慧：Word也能排序？

阿智：当然可以。可以选中表格，单击"表格工具"下的"布局"选项卡的"数据"选项组中的"排序"按钮，如图3-10所示。

小慧：这个跟Excel的排序差不多吧？

阿智：对，除了可以设置主、次关键字，还可以按拼音、笔划、数字或日期等排序，都挺实用的，因为时间关系就不啰唆了。

小慧：OK，回头我自己找时间玩玩。

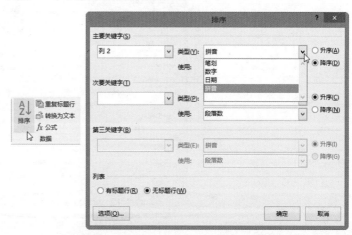

图 3-10　排序

3.1.5 如何对表格中的数据进行计算

阿智：那你的下一个问题呢？

小慧：在Word表格中，如果需要计算数据，可以像Excel一样设置公式吗？

阿智：Word表格的计算功能，虽然没有Excel那么强大，但是满足一般的办公要求，则绰绰有余。

小慧：那怎么能自动求图3-11中的金额呢？

序号	品名	规格型号	数量	单价	金额
1	A产品		12345	12.99	
2	B产品		56789	16.78	

图 3-11　如何求出金额

阿智：单击"插入"选项卡的"文本"选项组中的"文档部件"按钮，在弹出的下拉菜单中选择"域"命令，弹出"域"对话框，单击"公式"按钮，然后将公式改为"=PRODUCT(LEFT)"，将编号格式改为"#,##0.00"，最后单击"确定"按钮，如图3-12所示。

图 3-12　插入乘积公式

小慧：这个公式的意思是什么？

阿智：左边数字的乘积。

小慧：哦，金额果然出来了！接下来如法炮制？

阿智：不必这么麻烦，只要复制第一个金额，然后使用粘贴批量填充即可。

小慧：但计算结果貌似有问题啊？

阿智：按F9键，更新Word域即可，如图3-13所示。

序号	品名	规格型号	数量	单价	金额
1	A产品		12345	12.99	160,361.55
2	B产品		56789	16.78	952,919.42

图 3-13　域值的批量填充与更新

小慧：原来如此！那如何求出总金额呢？

阿智：步骤一样，只是公式不同而已。

小慧：求和公式是默认的"=SUM(ABOVE)"？

阿智：没错，或者"=SUM(F2:F30)"。

小慧：意思是对当前单元格上方（F2:F30）的数据求和？

阿智：Yes！

3.1.6　如何拆分单元格

小慧：师傅，你看这张入职登记表中的"身份证号码"，如何把TA拆分成18列呢？

入职日期	工号	姓名	性别	学历	身份证号码	部门	职位

图 3-14　拆分单元格前

阿智：用拆分单元格呀！

小慧：可是我试过N遍了还是有问题。

阿智：你是怎么操作的？

小慧：先选中要拆分的单元格区域，再单击"表格工具"下的"布局"选项卡的"合并"选项组中的"拆分单元格"按钮，在弹出的对话框中将列数改为18，单击"确定"按钮。你看，又出问题了！如图3-15所示。

阿智：拆分步骤完全没问题。

小慧：那怎么会这样啊？

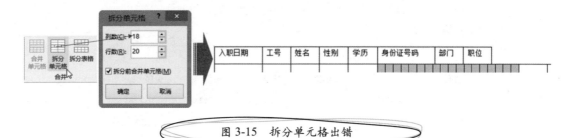

图 3-15　拆分单元格出错

阿智：问题出在拆分前的默认单元格边距。

小慧：啊？

阿智：你先撤销一下（快捷键为Ctrl+Z）。

小慧：好。

阿智：右击表格，在弹出的快捷菜单中选择"属性"命令，然后在弹出的"表格属性"对话框的"表格"选项卡中单击"选项"按钮，弹出"表格选项"对话框，将默认单元格边距全部改为0；单击"确定"按钮，回到"表格属性"对话框，单击"确定"按钮，完成对默认单元格边距的修改，如图3-16所示。

图 3-16　修改默认单元格边距

小慧：原来拆分单元格前，还需要"热身"啊！

阿智：哈哈，这个比喻好！热身完毕你就可以拆分单元格了。

小慧：果然搞定，这么小的单元格竟然也可以拆分出来，如图3-17所示。

入职日期	工号	姓名	性别	学历	身份证号码	部门	职位
					‖‖‖‖‖‖‖‖‖‖‖‖		

图 3-17　拆分单元格后（默认单元格边距为 0）

阿智：是的，毫无压力！把你的身份证号码填进去试试效果。

小慧：OK，如图3-18所示。

入职日期	工号	姓名	性别	学历	身份证号码	部门	职位
					1234567890123456 78		

图 3-18　拆分单元格后的数据录入效果

阿智：……

3.1.7 如何制作图表

小慧：最后再占用师傅一点时间，给我讲讲图表吧。

阿智：其实，Word中的图表源于Excel，大部分操作在Excel环境中完成，也就是说，只要熟悉Excel图表，就会用Word图表。单击"插入"选项卡的"插图"选项组中的"图表"按钮，弹出"插入图表"对话框，选择合适的图表类型，单击"确定"按钮，插入一张图表，如图3-19所示。

图 3-19　"插入图表"对话框

小慧：那就这个簇状柱形图表吧，如图3-20所示。

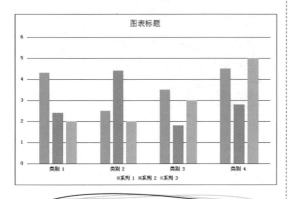

图 3-20　簇状柱形图表

阿智：你看，每个图表都对应一个Excel表，可以直接在Word中编辑数据，也可以在Excel中编辑数据，如图3-21所示。

图 3-21　图表对应的 Excel 表

小慧：是的，Word的"图表工具"跟Excel几乎完全一样。

图表工具
设计　　格式

阿智：没错，可以利用"图表工具"下的"设计"和"格式"选项卡对图表进行编辑和美化处理，就像Excel图表一样。

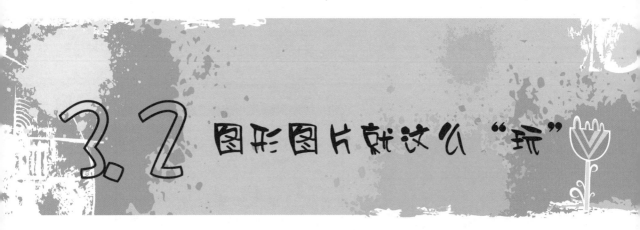

3.2　图形图片就这么"玩"

3.2.1　玩转SmartArt

　　SmartArt图形是信息和观点的视觉表示形式。可以通过从多种不同布局中进行选择来创建SmartArt图形，从而快速、轻松、有效地传达信息。

小慧：师傅，最近我迷上了SmartArt图形，可我总感觉SmartArt图形有很多局限性，麻烦你帮我拓展一下应用思路好吗？

阿智：好吧，我先给你找张图，你看，这是我利用SmartArt图形做出来的，如图3-22所示。

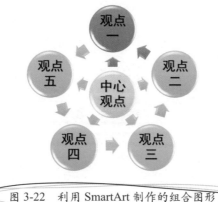

图 3-22　利用 SmartArt 制作的组合图形

小慧：这个图在SmartArt中应该没有现成的吧？

阿智：没错，但可以移花接木。

小慧：正合我意，请师傅指点迷津！

阿智：先单击"插入"选项卡的"插图"选项组中的"SmartArt"按钮，弹出"选择SmartArt图形"对话框，在"循环"选项设置界面中可以看到有"基本循环"和"分离射线"这两种图形，如图3-23所示。

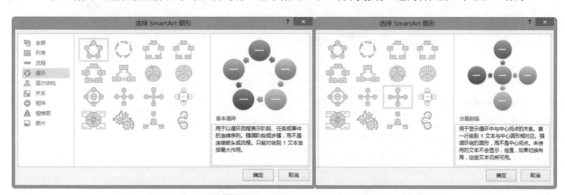

图 3-23　SmartArt 图形（基本循环、分离射线）

小慧：莫非你是利用这两种SmartArt图形变异而来？

阿智：答对了，加十分。可以先插入"分离射线"，如图3-24所示。

小慧： 然后单击SmartArt图形左侧的"文本"任务窗格按钮吗？

阿智： 没错，打开"文本"任务窗格，单击"在此处键入文字"编辑区域，使用Ctrl+A组合键，全选，如图3-25所示。

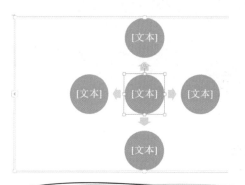

图 3-24　插入"分离射线"SmartArt 图形

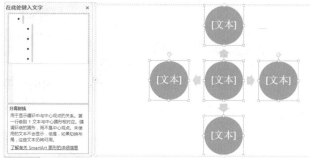

图 3-25　在 SmartArt 图形的文本窗格

按Delete键删除所有文字内容，再输入文字"中心观点"，如图3-26所示。

图 3-26　在 SmartArt 图形中添加一级标题

小慧： 然后按Enter键？

阿智： 对。另起一行后，按Tab键（表示降一级），输入文字"观点一"，如图3-27所示。

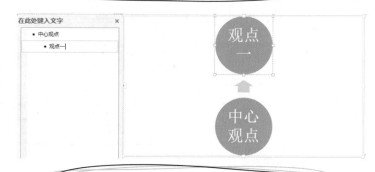

图 3-27　在 SmartArt 图形中添加二级标题

小慧：师傅，如果使用Shift+Tab组合键，就表示升一级吗？

阿智：对。现在再输入另外4个同级标题，如图3-28所示。

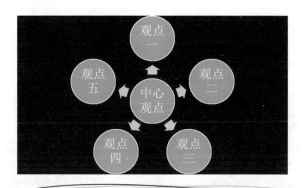

图 3-28　在 SmartArt 图形中添加所有标题

小慧：OK！马上要用到SmartArt工具了吧？

阿智：对，单击"SmartArt工具"下的"设计"选项卡的"SmartArt样式"选项组中的"更改颜色"按
　　　钮，在弹出的下拉菜单中选择"彩色"下的"彩色范围-着色5至6"命令，如图3-29所示。

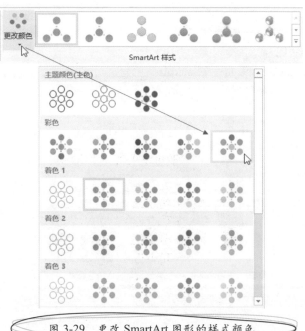

图 3-29　更改 SmartArt 图形的样式颜色

再单击"SmartArt工具"下的"设计"选项卡的"SmartArt样式"选项组中的"三维"按钮，再选择"优雅"命令，如图3-30所示。

然后单击"开始"选项卡，更改SmartArt图形的文字格式（字体为"黑体"，文本效果及版式为"填充-黑色，文本1，阴影"），完成第一个SmartArt图形的所有设置，如图3-31所示。

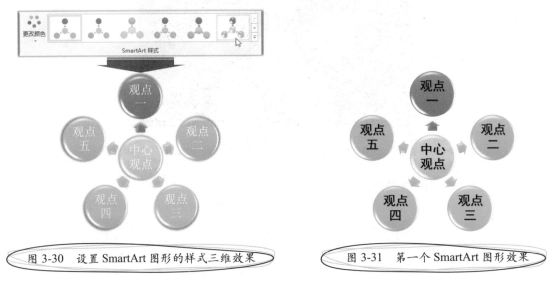

图 3-30　设置 SmartArt 图形的样式三维效果　　　　图 3-31　第一个 SmartArt 图形效果

小慧：那第2个怎么拼上去呢？

阿智：可以先利用Ctrl+C、Ctrl+V复制一个SmartArt图形出来，然后右击，在弹出的菜单中单击"更改布局"命令，改为"基本循环"图，如图3-32所示。

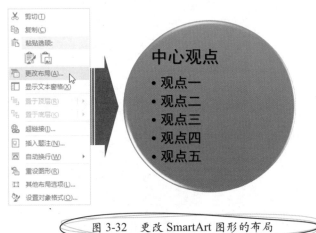

图 3-32　更改 SmartArt 图形的布局

小慧：啊？面目全非了！

阿智：没关系，可以利用SmartArt图形的"文本"任务窗格进行修改。

小慧：还是先全选（Ctrl+A），再删除（Delete）所有内容？

阿智：对。清空后连续按Enter键，输入5个空行，如图3-33所示。

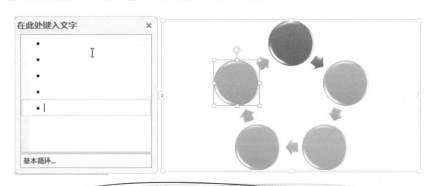

图 3-33　利用文本窗格改造第 2 个 SmartArt 图形

小慧：明白了，再删除5个圆形吧？

阿智：思路是对的，但不能直接删除！

小慧：那怎么办呢？

阿智：你可以先按住Ctrl键，逐一选中这5个圆形，将其填充与轮廓都设置为无，如图3-34所示。

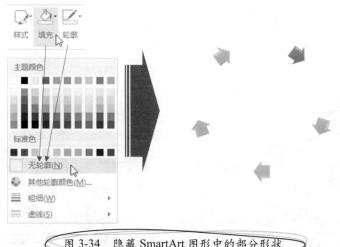

图 3-34　隐藏 SmartArt 图形中的部分形状

小慧：原来如此！那现在将两个SmartArt图形拼在一起？

阿智：对。但不能硬拼。

小慧：为什么？

阿智：因为SmartArt图形默认为嵌入型，需要改成文字环绕，才能随意移动。

小慧：右击这个SmartArt图形？

阿智：对，弹出"布局选项"对话框，由"嵌入型"改为"文字环绕-浮于文字上方"即可，如图3-35所示。

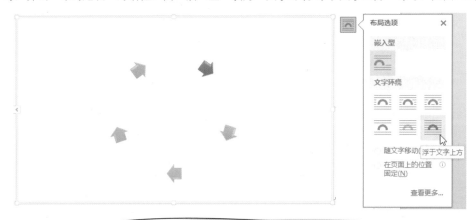

图 3-35　将 SmartArt 图形设置为浮于文字上方

小慧：OK。现在就可以按住Shift键，向上平移了吧？

阿智：对，直到与分离射线图重叠，如图3-36所示。

小慧：师傅，有问题！

阿智：发现箭头方向不对了吧？

小慧：是啊，SmartArt图形好像无法整体翻转，但能旋转或更改其中的一个或多个图形，如图3-37所示。

图 3-36　两个 SmartArt 图形重叠

图 3-37　同时旋转 SmartArt 图形中的多个形状

阿智：连这个都被你发现了，赞一个！

小慧：嘿嘿，名师出高徒的嘛。

阿智：名你个头！

小慧：我又发现一个小问题，现在好像不太方便选中第一个SmartArt图形了。

阿智：没错，因为TA在底层，被盖住了。这种情况，你最好打开"选择"任务窗格。

小慧：好高端的名字。怎么打开呢？

阿智：单击"开始"选项卡的"编辑"选项组中的"选择"按钮，在弹出的下拉菜单中选择"选择窗格"命令即可，如图3-38所示。

图 3-38　选择"选择窗格"命令

小慧：怎么操作呢？

阿智：可以先单击"全部隐藏"按钮，观察选择窗格的变化，如图3-39所示。

图 3-39　全部隐藏后嵌入型图形仍然显示

小慧：图示2（基本循环图）后面的"眼睛"闭起来了，但图示1（分离射线图）仍然睁着"眼睛"，但TA的"眼睛"怎么总是"朦朦胧胧"的呢？

阿智：观察很仔细，因为分离射线图仍然是嵌入型的，所以无法调整图层。为了便于进一步观察，建议先修改这两个图层的名称，如图3-40所示。

图 3-40　在"选择"任务窗格中修改图层名称

小慧：OK。如果把分离射线图由"嵌入型"改成"文字围绕"，就能调整图层了吧？

阿智：没错。现在再观察一下"选择"任务窗格的变化，如图3-41所示。

图 3-41　非嵌入型图形在选择窗格中的显示效果

小慧：分离射线图的"眼睛"亮了，而且跑到顶层去了。现在选中某个图层后，单击右上角的两个按钮就可以调整顺序。

阿智：其实还有一种更简便的办法。

小慧：哦？

阿智：选中某个图层后，只要上下拖动，就可以直接调整图层。

小慧：真方便！可以将这两个SmartArt图形进行组合吗？

阿智：可以。只要按住Ctrl键，在"选择"任务窗格中逐一选中这两个图形，单击"SmartArt工具"下的"格式"选项卡的"排列"选项组中的"组合对象"按钮，在弹出的下拉菜单中选择"组合"命令即可，如图3-42所示。

图 3-42　组合对象

小慧：如果不组合，也可以直接复制，另存为图片吧？

阿智：没错。

小慧：这样就可以只显示复制出来的图片，而隐藏所有SmartArt图形了。既不影响页面显示，又方便以后修改。

阿智：嗯，很好的思路！其实说白了，SmartArt图形就是一种特殊的组合图形。尤其在PPT中，SmartArt图形还可以通过取消组合，拆分成多个图形，使用更灵活。

小慧：今天又学到很多知识，多谢师傅！

3.2.2　形状组合变形记

某天下午，小慧又急匆匆地跑过来向阿智求救。

阿智：有这么着急吗？

小慧：明天有个大型活动，领导要求为预定席位的每位来宾制作一个简易台签，我看了下名单，足足300多人……

阿智：还以为出啥大事儿了呢，是这种台签吧？如图3-43所示。

图 3-43　简易台签

小慧：嘿嘿，师傅您怎么会有？

阿智：你这摊活儿，原来就是我干的！

小慧：师傅牛！可这是怎么做出来的呢？

阿智：还是那句老话，会者不难，难者不会。你看，这张A4纸只要折两次，就能变成一个简易台签。两个立面大小相同，内容（LOGO、来宾姓名、工作单位等）也相同，但打印方向正好相反；而底面不需要打印任何内容。

小慧：问题是，用Word怎么操作呢？

阿智：先单击"页面布局"选项卡的"页面设置"选项组中的"纸张大小"按钮，看一下Word默认的纸张大小，如图3-44所示。

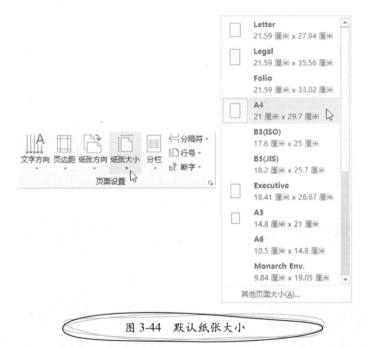

图 3-44　默认纸张大小

小慧：A4（宽21厘米，高29.7厘米）？

阿智：对，一张A4纸按高度可以大致分成三部分（2个10厘米、1个9.7厘米）。现在单击"插入"选项卡的"插图"选项组中的"形状"按钮，在弹出的下拉菜单中选择"矩形"命令，如图3-45所示。

小慧：按住鼠标左键不放？

阿智：对，从纸张左上角开始向右拖动至纸张右边，画出一个与纸张等宽的矩形。然后模拟第一次折纸，在"绘图工具"下的"格式"选择卡的"大小"选项组中设置形状高度，将参数修改为10厘米，如图3-46所示。

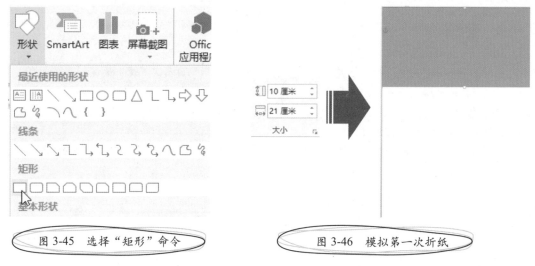

图 3-45　选择"矩形"命令

图 3-46　模拟第一次折纸

小慧：再复制一个矩形到下面，模拟第二次折纸？

阿智：没错，按住Ctrl键+Shift组合键，向下拖动直到复制的矩形与原矩形相切，释放鼠标完成，如图3-47所示。

小慧：有点感觉了。

阿智：现在，单击"插入"选项卡的"插图"选项组中的"图片"按钮，将LOGO图片插入文档。

小慧：OK，再将图片布局方式改为"文字环绕-浮于文字上方"，如图3-48所示。

图 3-47　模拟第二次折纸

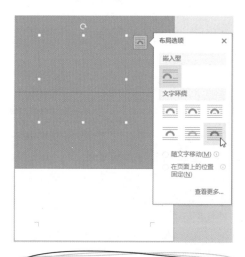

图 3-48　插入图片并更改为文字环绕

阿智：对，这样就可以对图片等比缩放（鼠标
　　　停留在图片对角处，出现双向箭头时拖
　　　动），将图片调整到合适大小，并通过精
　　　细移动（选中图片，光标变成四向黑箭头
　　　时，按住Alt键拖动）将其移动到合适位
　　　置，如图3-49所示。

小慧：然后单击"插入"选项卡的"文本"选项
　　　组中的"文本框"按钮，在弹出的下拉菜
　　　单中选择"绘制文本框"命令，画出一个
　　　大小适中的文本框。

阿智：没错。在文本框中输入"姓名"，单击
　　　"绘图工具"下的"格式"选项卡的"文
　　　本"选项组中的"对齐文本"按钮，在弹
　　　出的下拉菜单中选择"中部对齐"命令，
　　　使文本垂直居中，如图3-50所示。

图 3-49　将 LOGO 图片调整到合适大小和位置

图 3-50　垂直居中文本

小慧：不好看，要设置一下。

阿智：对，可以设置水平居中文本（快捷键为Ctrl+E）并增大字体（快捷键为Ctrl+>），如图3-51所示。

姓名

图 3-51　水平居中文本并增大字体

小慧：外面的框最好拿掉。

阿智：对，右击文本框，在弹出的快捷菜单中，依次将文本框设置为"无填充颜色"和"无轮廓"，
　　　如图3-52所示。

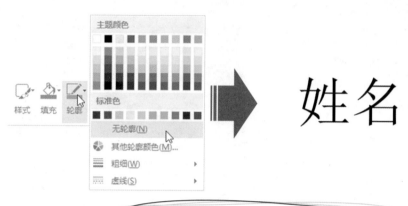

图 3-52　将填充颜色和轮廓均设置为无

小慧：还可以单击"绘图工具"下的"格式"选项卡的"排列"选项组中的"对齐"按钮，在弹出的下拉菜单中选择"左右居中"命令，使文本框水平居中于页面。

阿智：没错。完成对文本框的调整后，按Ctrl+Shift组合键，向下平移复制一个文本框，将"姓名"改写成"工作单位"并适当减小字号（Ctrl+<），如图3-53所示。

图 3-53　复制并修饰另一个文本框

小慧：在"姓名"和"工作单位"之间加根线，会更好看些吧？

阿智：对，单击"插入"选项卡的"插图"选项组中的"形状"按钮，在弹出的下拉菜单中选择"线条"下的"直线"命令，按住Shift键，在"姓名"与"工作单位"之间

画一条水平线，右击设置轮廓线为黑色，并适当调整位置，如图3-54所示。

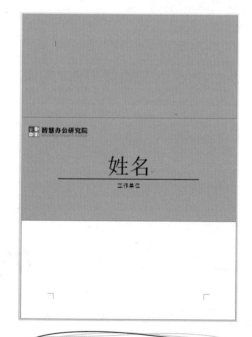

图 3-54　添加水平线

小慧：终于完成了台签的一半内容，不容易啊！

阿智：接下来，就是简单的复制调整了。

小慧：怎么复制呢？

阿智：打开"选择"任务窗格，按住Ctrl键的同时，逐一选中当前折面中的所有对象，如图3-55所示。

小慧：将这些图形进行组合？

阿智：是的，右击，弹出快捷菜单，选择"组合"→"组合"命令，如图3-56所示。

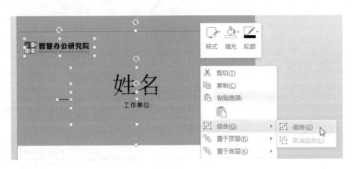

图 3-55　选中一个立面的所有对象　　　　　　图 3-56　对多个图形进行组合

小慧：再按Ctrl+Shift组合键，向上平移复制一个图形组合，如图3-57所示。

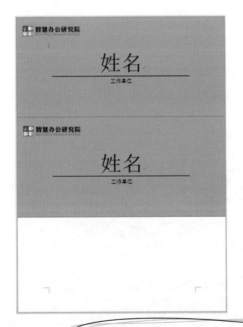

图 3-57　平移复制一个图形组合

阿智：是的，现在可以垂直翻转这个复制的图形组合了。

小慧：OK，单击"绘图工具"下的"格式"选项卡的"排列"选项组中的"旋转"按钮，在弹出的下拉菜单中选择"垂直翻转"命令，如图3-58所示。

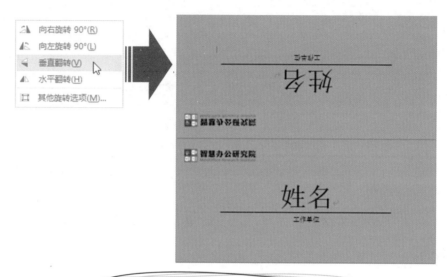

图 3-58　将复制的图形组合垂直翻转

阿智：发现问题了吗？

小慧：哦！LOGO的位置不对。

阿智：先选中组合，再选中LOGO图形，按住Shift键的同时向右平移到合适位置，如图3-59所示。

图 3-59　向右平移 LOGO 图片

小慧：还是有问题！方向反了，怎么办？

阿智：单击"绘图工具"下的"格式"选项卡的"排列"选项组中的"旋转"按钮，在弹出的下拉菜单中选择"水平翻转"命令即可，如图3-60所示。

小慧：搞定，现在可以将那些辅助的矩形全部删除了吗？

图 3-60　水平翻转 LOGO 图片

阿智：当然可以。利用"选择"任务窗格逐一删除即可，如图3-61所示。

小慧：大功告成！问题是，需要制作300多个台签呢！

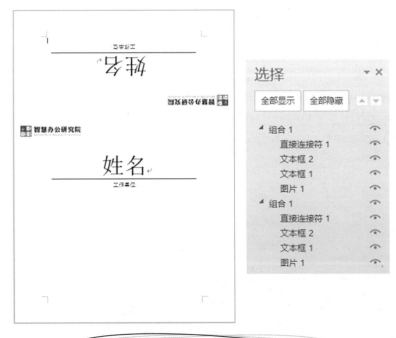

图 3-61　邮件合并主文档（台签）

 **小结和练习**

3.3.1 小结

本章主要讲解Word表格、图表、图形、图片的编辑和组合应用，尤其是利用域实现对表格数据的自动计算。

3.3.2 练习

找一个含数据的Word表格，利用表格样式对其进行美化，对有关数据进行编号、排序等操作，并设置计算公式。

利用SmartArt图形制作一个组织架构图，并转化成图片。

Office

Word 效率手册

04

工具篇

阿智：不就是300多个台签么？我保证让你分分钟搞定！

小慧：真的？

阿智：先单击Word"邮件"选项卡，看看里面都有啥。

小慧：从左到右依次是"创建""开始邮件合并""编写和插入域""预览结果""完成"等选项组。

阿智：没错，这就是批量制作台签的利器，也是邮件合并的一般操作流程。

小慧：可是，制作台签不需要信封。

阿智：没错，制作台签用不到"创建"选项组。

小慧：那为什么叫"邮件合并"呢？

阿智：因为邮件合并最早用来批量制作邮件，所以这个名称一直沿用至今。

小慧：哦。那应该怎么做呢？

阿智：先建立两个文档：Word主文档（见图3-61）和数据源，如图4-1所示。

编号	姓名	性别	单位	地址	邮编	联系方式
1	铁拐李	男	铁拐李集团有限责任公司	XX省XX市铁拐李路1号	100001	12345678901
2	汉钟离	男	汉钟离集团有限责任公司	XX省XX市汉钟离路2号	100002	12345678902
3	张果老	男	张果老集团有限责任公司	XX省XX市张果老路3号	100003	12345678903
4	蓝采和	男	蓝采和集团有限责任公司	XX省XX市蓝采和路4号	100004	12345678904
5	何仙姑	女	何仙姑集团有限责任公司	XX省XX市何仙姑路5号	100005	12345678905
6	吕洞宾	男	吕洞宾集团有限责任公司	XX省XX市吕洞宾路6号	100006	12345678906
7	韩湘子	男	韩湘子集团有限责任公司	XX省XX市韩湘子路7号	100007	12345678907
8	曹国舅	男	曹国舅集团有限责任公司	XX省XX市曹国舅路8号	100008	12345678908

图 4-1　邮件合并数据源（台签名单）

小慧：如果是Word表格，可以作为数据源吗？

阿智：当然可以。邮件合并主要是通过在主文档中插入数据源中的变量（如预留席位名单中的姓名），合并生成多个主文档的"副本"。邮件合并后的Word文件可以保存，可以打印，也可以直接发送邮件。

小慧：哦，我大概明白了，邮件合并擅长"批发"，可以不厌其烦地重复劳动。

阿智：这个比喻非常好！现在打开邮件合并主文档（台签），单击"邮件"选项卡的"开始邮件合并"选项组中的"开始邮件合并"按钮，在弹出的下拉菜单中选择"普通Word文档"命令（也可选择"信函"）即可，如图4-2所示。

图 4-2 "开始邮件合并"功能菜单

小慧：为什么这样选呢？

阿智：因为每页只打印一个台签。如果希望每页打印多个台签，可选择"目录"命令。

小慧：哦！

阿智：然后，单击"邮件"选项卡的"开始邮件合并"选项组中的"选择收件人"按钮，如图4-3所示。

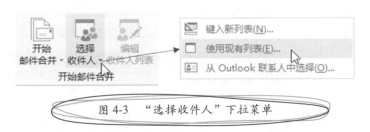

图 4-3 "选择收件人"下拉菜单

小慧：选择第二个？

阿智：对，因为已准备好数据源（预留席位名单.xlsx），所以单击"使用现有列表"命令。

小慧：明白了。

阿智：弹出"选取数据源"对话框后找到数据源文件，单击"打开"按钮，在弹出的"选择表格"对话框中选定数据源工作表，并确认是否选中"数据首行包含列标题"复选框，单击"确定"按钮，如图4-4所示。

图 4-4　选取邮件合并的数据源

小慧：发现"邮件"选项卡下面很多原来灰色的命令按钮变亮了！

阿智：观察很仔细啊！这是因为已连接数据源，所以很多命令可以使用了。

小慧：哦。那怎么检查数据源的准确性呢？

阿智：单击"邮件"选项卡的"开始邮件合并"选项组中的"编辑收件人列表"按钮即可。如果需要修改
数据源，可单击左下角"数据源"列表框中的数据源文件，再单击"编辑"按钮，如图4-5所示。

图 4-5　编辑收件人列表

小慧：如果确认数据源无误，就可以用到"邮件"选项卡中的"编写和插入域"选项组了吧？

阿智：对，将光标移到需要插入合并域的地方（如台签中的"姓名"），单击"插入合并域"按钮，选择对应的合并域（如"姓名"），如图4-6所示。

小慧：插入的合并域是用书名号特别标注的（见图4-7）？

图 4-6　插入合并域

图 4-7　插入合并域前后对比

阿智：对，但需要注意，这个"书名号"是邮件合并域的特定标记，不能用键盘上的书名号代替。

小慧：发现单击"邮件"选项卡的"预览结果"选项组中的"预览结果"按钮，会显示合并域的第1条记录值，如图4-8所示。

图 4-8　邮件合并的预览结果

阿智：对，还可以通过跳转按钮预览其他记录。

小慧：那如果需要在名字后面加上"先生/女士"等称谓，该怎么做呢？

阿智：这个问题提得非常好！只要单击"邮件"选项卡的"编写和插入域"选项组中的"规则"按钮，在弹出的下拉菜单中选择"如果…那么…否则…"命令，如图4-9所示。

小慧：弹出"插入Word域：IF"对话框，怎么设置呢？

阿智：可以按照这样的逻辑进行设置，"如果性别等于女，则女士，否则先生"，如图4-10所示。

图 4-9　插入合并域规则：IF

图 4-10　设置 IF 域的参数

小慧：哦！那也可以设置成"如果性别等于男，则先生，否则女士"吧（见图4-11）。

阿智：对。

小慧：可是插入的IF域字体太小了，不协调。

阿智：用格式刷刷一下就行啦，如图4-12所示。

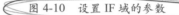

图 4-11　设置 IF 域的参数 2

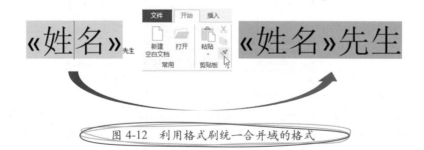

图 4-12　利用格式刷统一合并域的格式

小慧：好。我再看看预览结果，如图4-13所示。

阿智：以此类推，可以插入其他合并域。

小慧：OK！

图 4-13　插入合并域和规则后的预览结果

阿智：确认无误后，单击"邮件"选项卡的"完成"选项组中的"完成并合并"按钮，在弹出的下拉菜单中选择"编辑单个文档"命令，弹出"合并到新文档"对话框，单击"确定"按钮即可，如图4-14所示。

小慧：哇，邮件合并真是太强大了，如图4-15所示。

阿智：那是必须滴！除此之外，邮件合并还能干很多事，比如批量制作信封、请柬、奖状、工资条、员工证照等，功能非常强大！

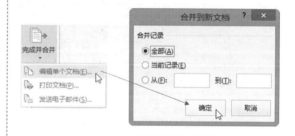

图 4-14　完成并合并到新文档

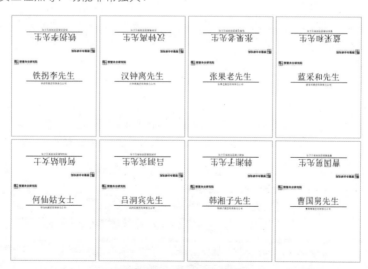

图 4-15　邮件合并成果

4.2 长篇大论就这么"控"

最近，小慧在排版长文档时，发现Word越来越慢，终于忍无可忍，再次向阿智求助。

小慧：师傅，我正在编排一个多人合作的项目方案，可能是页数太多、文档太大的缘故，感觉Word文档翻页和响应速度越来越慢了！

阿智：文档太大，确实会占用很多资源。你没用主控文档吗？

小慧：**什么是主控文档？**

阿智：Word主控文档可以包含N个独立的子文档，并负责控制整篇文章或整本书，而把各个章节作为子文档。在主控文档中，可以把所有的子文档当作一个整体，对其进行查看、重新组织、设置格式、校对、打印和创建目录等操作。

小慧：**那每个子文档可以进行独立的操作吗？**

阿智：当然可以。还可以在网络地址上建立主控文档，与他人同时在各自的子文档上进行操作。

小慧：**举个"栗子"呗！**

阿智：比如我和两个朋友准备合作写本书，这本书有三大版块内容，分别由我们中的一位负责编写，这种情况就适合使用主控文档。

小慧：**那具体怎么操作呢？**

阿智：你先新建一个Word文档，输入三个段落（如Word、Excel和PowerPoint）。

小慧：**代表这本书的三大版块？**

阿智：对，然后全选所有段落，设置为"标题1"，如图4-16所示。

图4-16　将三个段落全部设置为"标题1"

小慧：OK。

阿智：单击"视图"选项卡的"视图"选项组中的"大纲视图"按钮，如图4-17所示。

图 4-17　切换到大纲视图

小慧：Word 2013的大纲视图藏得有点深，唉，微软为什么不保留状态栏中的大纲视图按钮呢？

阿智：怀念不如相见，可以将"大纲视图"添加到快速访问工具栏，如图4-18所示。

图 4-18　将"大纲视图"添加到快速访问工具栏

小慧：好主意！

阿智：言归正传，在大纲视图中看到"主控文档"选项组了吗？

小慧：Yes，Sir！

阿智：单击"主控文档"选项组中的"显示文档"按钮，如图4-19所示。

小慧：传说中的子文档即将诞生？

阿智：对，全选所有段落，单击"创建"按钮，如图4-20所示。

图 4-19　主控文档-显示文档　　　　　图 4-20　创建子文档

小慧：哇！一下子多了很多分节符和奇怪的标记，如图4-21所示。

图 4-21　含子文档的主控文档

阿智：没错，其中的 ▦ 是子文档的特有标记。现在保存一下这个Word文件（主控文档.docx），刚才创建的子文档会同时自动保存，并且以子文档的第一行文本作为文件名，如图4-22所示。

Excel.docx
PowerPoint.docx
Word.docx
主控文档.docx

图 4-22　保存主控文档时将自动保存子文档

小慧：神奇！

阿智：后面更神奇！现在你退出并重新打开主控文档，如图4-23所示。

小慧：显示的是子文档链接？

阿智：对，按住Ctrl键单击可直接打开子文档。

小慧：那如何在主控文档中显示内容呢？

阿智：单击"大纲"选项卡的"主控文档"选项组中的"展开子档"按钮即可，如图4-24所示。

图 4-23　主控文档默认显示子文档链接　　　　　　图 4-24　展开子文档

小慧：哦，那如何控制子文档呢？

阿智：先随便更改一下主控文档的标题和正文内容，再打开对应的子文档，看看会有什么效果（见图4-25）？

图 4-25　主控文档更新内容自动同步到子文档

小慧：哇，子文档的内容会自动更新！

阿智：没错。反过来，当子文档的内容更新后，主控文档也会自动更新。不同的是，主控文档可以选择取消链接到子文档。

小慧：具体怎么操作呢？

阿智：将光标移到子文档链接处，单击"大纲"选项卡的"主控文档"选项组中的"显示文档"按钮，再单击"取消链接"按钮即可，如图4-26所示。

图 4-26　主控文档取消链接子文档

小慧：标题左上角的 ▦ 标记不见了，意味着断绝"父子关系"？

阿智：哈哈，这个比喻有点损，但很形象。总之，这样设置以后，不管怎么修改原来的子文档，主控文档纹丝不动，跟TA绝缘了，如图4-27所示。

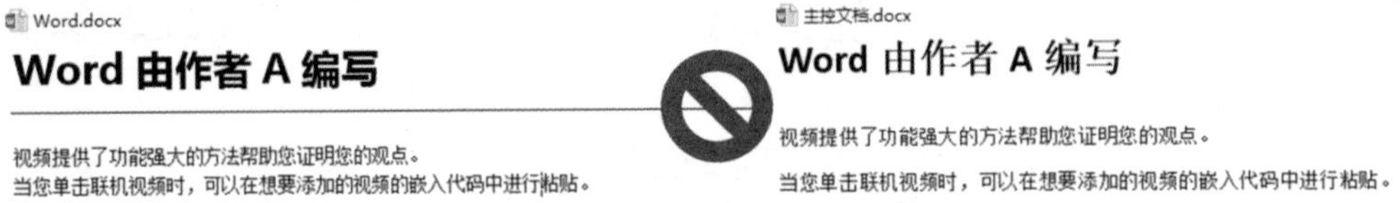

Word.docx

Word 由作者 A 编写

视频提供了功能强大的方法帮助您证明您的观点。
当您单击联机视频时，可以在想要添加的视频的嵌入代码中进行粘贴。

主控文档.docx

Word 由作者 A 编写

视频提供了功能强大的方法帮助您证明您的观点。
当您单击联机视频时，可以在想要添加的视频的嵌入代码中进行粘贴。

图 4-27　取消链接子文档后

小慧：这种情况相当于确认某个章节的终稿吧？

阿智：不错，当取消所有子文档链接时，意味着所有章节全部完稿。

小慧：那如果是现成的文档，可以作为子文档插入主控文档吗？

阿智：当然可以。只要单击"大纲"选项卡的"主控文档"选项卡组中的"插入"按钮，找到要添加的子文档即可，如图4-28所示。

图 4-28　插入子文档

小慧：当添加的子文档与主控文档存在相同的样式时，就会跳出这个对话框，如图4-29所示。

阿智：对，一般选择"全是"按钮即可。

小慧：明白了。看来，每个文档都可以作为一个主控文档，按章节创建若干个子文档，然后只要各个击破，搞定每个子文档就OK了。

阿智：没错，赶紧分头行动吧！

图 4-29　添加的子文档与主控文档存在相同样式

4.3　查找替换就这么"任性"

有一天，阿智收到了小慧用QQ发来的一个Word文件，正当他莫名其妙时，小慧飘然而至。

小慧：师傅，刚发给你的文件，是我从网上Down下来的《西游记》，我想重新排版一下，可是好像有问题啊！

阿智：什么问题？

小慧：我想把第二回的标题设置为"标题1"样式，可是后面所有内容也都变成了"标题1"样式。我纠结了半天搞不定，就直接把原文件发给你了。

阿智：哦？我打开看看，如图4-30所示。

●第一回

　　东胜神洲傲来国海中有花果山，山顶上一仙石孕育出一石猴。石猴在所居洞水源头寻到名为"水帘洞"的石洞，被群猴拥戴为王。又过三五百年，石猴忽为人生无常，不得久寿而悲啼。根据一老猴指点，石猴经南赡部洲到西牛贺洲，上灵台方寸山，入斜月三星洞，拜见须菩提祖师，被收为徒，起名曰孙悟空。

●第二回

图 4-30　从网络下载的原文

小慧：是不是第二回后面的那个编辑标记在作祟啊？

阿智：没错，这篇文章中有很多这样的手动换行符，要全部替换成段落标记才行。

小慧：怎么替换呢？

阿智：可以单击"导航"任务窗格搜索框右侧的放大镜，然后在打开的下拉菜单中选择"替换"命令，如图4-31所示。

小慧：**看来Word 2013的"导航"任务窗格确实是名不虚传的多面手啊！**

阿智：必须滴！也可以用快捷键Ctrl+H打开"查找和替换"对话框，现在单击左下角的"更多"按钮，如图4-32所示。

图 4-31　导航窗格的搜索功能

图 4-32　单击"更多"按钮

小慧：**增加了搜索选项和查找格式？**

阿智：没错。当前光标位于"查找内容"下拉列表框，单击"特殊格式"命令，如图4-33所示。

图 4-33　单击"特殊格式"按钮

小慧：OK，弹出了特殊格式菜单。

阿智：选择"手动换行符"命令，如图4-34所示。

图 4-34　选择"手动换行符"命令

小慧："查找内容"文本框中出现了"^L"，这就是手动换行符的标记？

阿智：没错。再将光标移到"替换"选项卡中的"替换为"下拉列表框内，单击"特殊格式"按钮，在弹出的下拉菜单中选择"段落标记"命令，如图4-35所示。

图 4-35　选择"段落标记"命令

小慧：我明白了，就是将手动换行符替换成段落标记。

阿智：对，可以先看一下文档中到底有多少手动换行符。

小慧：好，我切换到"查找"选项卡，可是怎么找呢？

阿智：选择"在以下项中查找"下拉菜单中的"主文档"命令，如图4-36所示。

图4-36　在主文档中查找内容

小慧：提示"Word中找到199个与此条件相匹配的项"，这个文档中竟然有这么多手动换行符啊，如图4-37所示。

图4-37　在主文档中查找与条件匹配的项

阿智：先查找，再替换，这是个好习惯；当然，如果不怕麻烦，撤销后重新替换也可以。

小慧：明白，替换有风险，查找需谨慎！

阿智：现在可以切换到"替换"选项卡，单击"全部替换"按钮，如图4-38所示。

图4-38　"替换"选项卡

小慧：提示"成功替换199处"，那是否搜索文档的其他部分呢（见图4-39）？

阿智：强烈建议搜索文档的其余部分，直到出现"全部完成"的提示为止，如图4-40所示。

小慧：明白，果然都替换成段落标记了。如果能批量搞定一百个标题样式就更好啦！

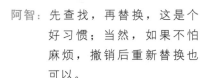

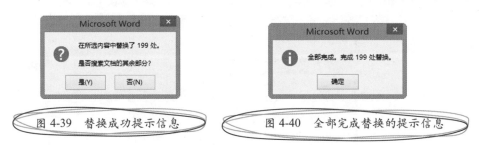

图4-39　替换成功提示信息　　　图4-40　全部完成替换的提示信息

阿智：用查找替换就可以啊。

小慧：真的吗？

阿智：选中"查找和替换"对话框中的"使用通配符"复选框，如图4-41所示。

小慧：哦，难道Word可以查找替换格式？

阿智：没错。可以先复制每一回开头的两个字符"●第"，粘贴到"查找内容"下拉列表框内，然后单击"特殊格式""范围内的字符"命令，如图4-42所示。

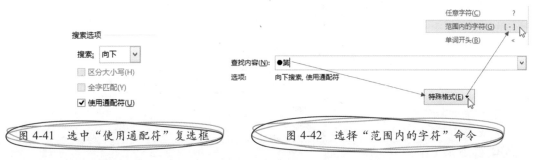

图4-41　选中"使用通配符"复选框　　　图4-42　选择"范围内的字符"命令

小慧：查找内容里面出现了"[-]"。

阿智：对，继续单击"特殊格式"按钮，在弹出的下拉菜单中选择"前1个或多个"命令，如图4-43所示。

小慧：意思是说查找中括号内的一个或多个字符，如图4-44所示。

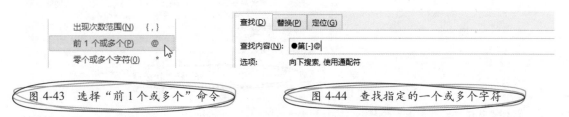

图4-43　选择"前1个或多个"命令　　　图4-44　查找指定的一个或多个字符

阿智：对。只要把中括号内的"-"改写成"一二三四五七八九十百"即可。现在，就可以单击"在以下项中查找"按钮，在弹出的下拉菜单中选择"主文档"命令了，如图4-45所示。

图 4-45　查找"●第几"的内容

小慧：怎么只查到了99个呢？
　　　　如图4-46所示。

图 4-46　找到99个匹配项

阿智：可能是空格惹的祸！可
　　　以先查找一下文档中有
　　　没有空白区域。

小慧：具体怎么操作呢？

阿智：清空查找内容，取消选
　　　中"使用通配符"复选
　　　框，单击"特殊格式"
　　　按钮，在弹出的下拉菜
　　　单中选择"空白区域"
　　　命令，如图4-47所示。

图 4-47　查找空白区域

小慧：找到了！第一百回前面果然有个空格，如图4-48所示。

阿智：你看，百密一疏吧！所以做替换操作之前，最好通盘考虑一下，扫清所有障碍。

小慧：对。那我恢复之前的查找内容，重新在主文档中查找"Word找到100个与此条件相匹配的项"，
　　　果然成功了，如图4-49所示。

图 4-48 找到一个空白区域

阿智：很好！现在可以将光标移到"替换"选项卡的"替换为"下拉列表框内，单击"格式"按钮，在
弹出的下拉菜单中选择"样式"命令，如图4-50所示。

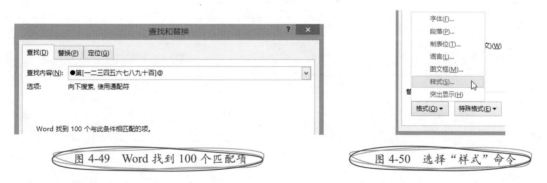

图 4-49 Word 找到 100 个匹配项

图 4-50 选择"样式"命令

小慧：弹出"替换样式"对话框？

阿智：对，在"用样式替换"列表框中选择"标题1"，如图4-51所示，单击"确定"按钮。

小慧：然后单击"全部替换"按钮？

阿智：对，多次搜索文档的其余部分，直到提示"全部完成"，如图4-52所示。

小慧：哇！瞬间搞定了100个标题样式，Word的查找替换功能真是太牛了！

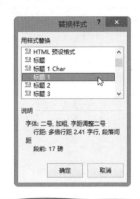

图 4-51　替换样式 - 标题 1

图 4-52　替换结果会多次提示

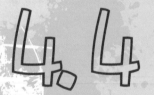

小结和练习

4.4.1　小结

本章主要介绍了Word邮件合并、主控文档、高级查找替换等常用的工具，读者可以举一反三，挖掘更多的实用功能，提高办公效率。

4.4.2　练习

利用邮件合并，批量制作请柬（邀请函）、工资条等。

利用主控文档，与同事协同制作一篇Word长文档。

利用查找替换，高效改造并排版一篇从网络下载的文章。

Office

Excel效率手册

05

数据存储

8年的积累，卢子已不再是当初的菜鸟，而是逐步成为别人眼中的"大神"。这不，卢子就收了一个勤奋好学的学生——木木。要如何教木木呢？这真是一件令人头痛的事！

木木稍微会一点Excel，但都只是停留在最基础层面的认知，能够完成一部分工作，但仍需请教别人。为了能让木木全面学习，卢子采用了边教边练习的形式，逐步学习Excel的各种功能。

Excel的第一作用：数据存储。先让木木了解如何存储数据有助于将来处理数据，然后设置一些小障碍，不规范的数据源会让你吃大亏。只有这样才能记得牢，要不以后会继续犯这种低级的错误。

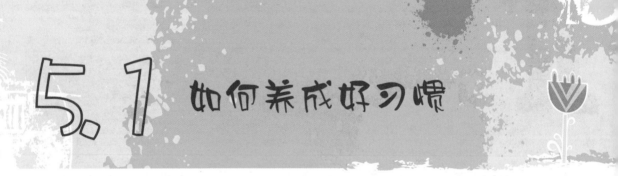

5.1 如何养成好习惯

要养成一个好习惯不是两三天就可以的，而是长期坚持的结果，最快也要30天才可以养成一个好习惯。这里先不说什么是好习惯，而是从它的对立面——坏习惯说起。在Excel中有哪些习惯是不好的呢？了解这些反面教材，可以引以为戒，以后不再犯这些低级错误。不犯错，就是最好的习惯。

5.1.1 拒绝合并单元格

卢子：Excel中有这么一个功能叫"合并后居中"，很多人都经常使用这个功能。木木，你是不是也经常使用？

木木：对啊，这么好用的功能干嘛不用，如图5-1所示，表格效果好看多了！

卢子：确实挺好看的，但是，你试过对合并后的单元格进行筛选吗？比如筛选品类为"梨子"的所有对应值。

	A	B	C	D	E
1	品类	产地	数量	占比	
2		山东	1	17%	
3	苹果	日本	2	33%	
4		美国	3	50%	
5		本地	4	18%	
6		日本	5	23%	
7	梨子	广西	6	27%	
8		云南	7	32%	
9		广西	8	47%	
10	桃子	云南	9	53%	
11		新疆	10	13%	
12		本地	11	15%	
13	西瓜	云南	12	16%	
14		广西	13	17%	
15		四川	14	19%	
16		贵州	15	20%	
17					

图 5-1 使用合并单元格的效果

木木：这个还真没有，我试试看。如图5-2所示，居然只显示第一个对应值，怎么回事呢？

	A	B	C	D	E
1	品类	产地	数量	占比	
5	梨子	本地	4	18%	
17					
18					

图 5-2 只显示第一个对应值

卢子：这种合并居中的显示适合在纸中记录，而我们现在使用的是Excel。这对于传统手工输入能够自己识别，而在Excel中却识别不出来。我们不能用传统的思维来制作表格。如图5-3所示，选择"梨子"这个单元格，单击"合并后居中"按钮。

注：因为已经合并了，单击"合并后居中"按钮就相当于取消合并。

如图5-4所示，取消合并单元格后，就只有第一个有值，其他都是空白的。也就是说，在进行筛选操作时，实际上只能识别第一个单元格为符合条件，而其他都不满足，所以筛选不到。

图 5-3 取消合并单元格操作

	A	B	C	D	E
1	品类	产地	数量	占比	
2		山东	1	17%	
3	苹果	日本	2	33%	
4		美国	3	50%	
5	梨子	本地	4	18%	
6		日本	5	23%	
7		广西	6	27%	
8		云南	7	32%	
9		广西	8	47%	
10	桃子	云南	9	53%	
11		新疆	10	13%	
12		本地	11	15%	
13	西瓜	云南	12	16%	
14		广西	13	17%	
15		四川	14	19%	
16		贵州	15	20%	
17					

图 5-4 取消合并单元格后的效果

木木：原来这样啊。

卢子：如果后期要对数据进行处理，建议还是尽量不使用合并单元格，这样能避免一些不必要的麻烦。现在给你布置一道作业，如何实现筛选所有符合"梨子"的对应项目呢？

木木：感觉好难的样子，回去我好好考虑一下。

不到一刻钟，木木就做出来了，让卢子很惊讶！

卢子：木木，你好棒啊，这么难的问题，你居然会了。

木木：偷偷地告诉你，我是百度到的，自己不会做。

卢子：善于借助搜索引擎，是一个很好的习惯，现在是网络时代，要利用好身边的一切资源。那你说一下具体怎么操作吧。

木木：这个操作步骤实在太高大上，容我一步步道来。

STEP 01 如图5-5所示，选择区域A2:A16，单击"合并后居中"按钮。

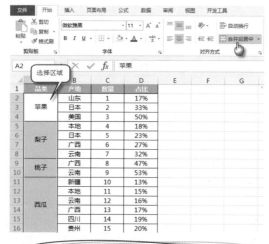

图 5-5 选择区域取消合并单元格

STEP 02 如图5-6所示，按F5键弹出"定位"对话框，单击"定位条件"按钮。

STEP 03 如图5-7所示，选中"空值"单选按钮，再单击"确定"按钮。

图 5-6 "定位"对话框

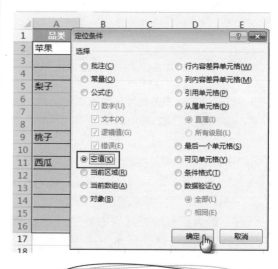

图 5-7 定位空值

STEP 04 如图5-8所示，输入公式"=上一单元格"，即"=A2"。

	A	B	C	D
1	品类		数量	占比
2	苹果		1	17%
3	=A2	日本	2	33%
4		美国	3	50%
5	梨子	本地	4	18%
6		日本	5	23%
7		广西	6	27%
8		云南	7	32%
9	桃子	广西	8	47%
10		云南	9	53%
11	西瓜	新疆	10	13%
12		本地	11	15%
13		云南	12	16%
14		广西	13	17%
15		四川	14	19%
16		贵州	15	20%

ROMAN　×　✓　fx　=A2
（=上一单元格）

图 5-8　输入公式

STEP 05 关键一步，不能直接按Enter键，否则就前功尽弃了。看清楚了，如图5-9所示，按Ctrl+Enter组合键结束。瞬间就将所有内容填充完毕。

A3　×　fx　=A2
（按组合键 Ctrl+Enter）

	A	B	C	D
1	品类		数量	占比
2	苹果	日本	1	17%
3	苹果	日本	2	33%
4	苹果	美国	3	50%
5	梨子	本地	4	18%
6	梨子	日本	5	23%
7	梨子	广西	6	27%
8	梨子	云南	7	32%
9	桃子	广西	8	47%
10	桃子	云南	9	53%
11	西瓜	新疆	10	13%
12	西瓜	本地	11	15%
13	西瓜	云南	12	16%
14	西瓜	广西	13	17%
15	西瓜	四川	14	19%
16	西瓜	贵州	15	20%

图 5-9　填充公式操作

现在要筛选什么品类，直接筛选就行，非常方便。

卢子：现学现用，好厉害。

木木：不过我不知道这里为什么要输入=A2，原理是什么呢？只是稀里糊涂跟着操作。

卢子：这里涉及以下两个知识点。① 相对引用的作用：在A3单元格中输入"=A2"，在A4单元格中就自动变成"=A3"，在A6单元格中就自动变成"=A5"，也就是说，不管到哪一个单元格，始终等于上一个单元格的值。这在后面的函数部分我会给你详细解释。② 定位空值的作用：只是填充没有值的单元格，而有值的单元格就始终保持不变。

木木：这下明白了，既懂了方法又懂了原理。

5.1.2 名词缩写带来的麻烦

卢子：如图5-10所示，这是两个会计论坛每天的发帖明细表，有时为了偷懒，我们会将会计科普论坛写成"会计网"，将会计视野论坛写成"视野"。木木，你是不是这样干过？

	A	B	C	D
1	日期	论坛	发帖数	
2	1月30日	会计科普论坛	2430	
3	1月31日	会计网	2039	
4	2月1日	会计网	2776	
5	2月1日	会计视野论坛	1691	
6	2月2日	视野	1700	
7				

图 5-10　使用简写

木木：你怎么知道？这样每天少写很多字，多好。

卢子：这样说也合情合理，能偷懒的情况下，谁不想偷懒。一向以懒人著称的我，很多时候连写都不想写，直接复制粘贴上去。如果现在让你分别统计两个论坛的发帖数，你有什么办法统计吗？

木木：就这几天的发帖数，我敲几下计算器就搞定了，不发愁！

卢子：如果现在的数据是10000行呢？你是不是准备敲到明天？

木木：是啊。

卢子：说句实话，这些我曾经也干过，就是因为当初不够懒，说多了都是泪。

木木：那现在是不是有更好的办法解决？

卢子：因为名词进行缩写，所以不能直接汇总。但

可以制作一个下拉菜单，通过下拉菜单选择论坛，这样可以实现快速输入，同时保证一致性。数据源统一后，就可以借助数据透视表轻松实现汇总，操作步骤如下。

STEP 01 将论坛的全名输入在E列，如图5-11所示。

图 5-11　输入论坛全名

STEP 02 如图5-12所示，选择区域B2:B17，并切换到"数据"选项卡，单击"数据验证"按钮。在弹出的"数据验证"对话框的"允许"下拉列表框中选择"序列"选项，在"来源"文本框中引用=$E$2:$E$3（E列的区域，直接用鼠标选择即可），单击"确定"按钮。

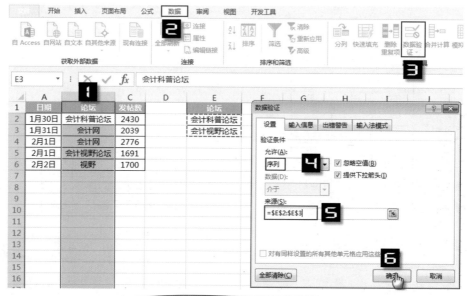

图 5-12　设置下拉列表

STEP 03 如图5-13所示，现在要选择论坛名，只需通过下拉菜单进行选择即可，方便快捷。

	A	B	C	D
1	日期	论坛	发帖数	
2	1月30日	会计科普论坛	2430	
3	1月31日	会计网	2039	
4	2月1日	会计网	2776	
5	2月1日	会计视野论坛	1691	
6	2月2日	视野	1700	
7			▼	
8		会计科普论坛		
		会计视野论坛		
9				
10				

图 5-13 下拉菜单示意图

木木：这样确实方便许多，以后再也不用手工输入了。

卢子：这里再简单介绍如何用数据透视表汇总每个论坛的发帖数。

STEP 01 如图5-14所示，单击数据源任何单元格，如A1单元格，切换到"插入"选项卡，单击"数据透视表"按钮，弹出"创建数据透视表"对话框，默认情况下会自动帮你选择好区域，保持默认不变，单击"确定"按钮。

图 5-14 创建数据透视表

STEP 02 如图5-15所示，弹出"数据透视表字段"任务窗格，只需同时选中"论坛"和"发帖数"复选框，就可以快速统计每个论坛的发帖数，不到1分钟时间就完成别人1天的工作量。

图 5-15　选择字段

木木：哇！这个功能很不错。

卢子：数据透视表是Excel最强大的功能，等以后熟练了基本操作以后再教你更全面的用法。

5.1.3　统一日期格式

卢子：中国文化博大精深，仅日期表示就有一大堆方法：2015年1月30日、1月30日、1-30、1/30、1.30、20150130、……木木，你平常喜欢用哪一种形式的日期呢？

木木：我比较喜欢用2015-1-30这种形式的日期。

卢子：原来木木一直保持着良好的习惯，都输入规范的日期。如图5-16所示，如果是标准日期与不标准日期混合在一起，你如何将2.1这种不标准格式的日期转换成标准格式的日期呢？

	A	B	C	D
1	日期	论坛	发帖数	
2	1月30日	会计科普论坛	2430	
3	1月31日	会计科普论坛	2039	
4	2月1日	会计科普论坛	2776	
5	2.1	会计视野论坛	1691	
6	2.2	会计视野论坛	1700	
7				

图 5-16　标准日期与不标准日期的混用

木木：这个我会。如图5-17所示，按快捷键Ctrl+H，弹出"查找和替换"对话框，将"."替换成"-"，单击"全部替换"按钮即可。

图 5-17　"查找和替换"对话框

如图5-18所示，一下子就转变成标准日期了。

	A	B	C	D
1	日期	论坛	发帖数	
2	1月30日	会计科普论坛	2430	
3	1月31日	会计科普论坛	2039	
4	2月1日	会计科普论坛	2776	
5	2月1日	会计视野论坛	1691	
6	2月2日	会计视野论坛	1700	
7				

图 5-18　替换后的效果

卢子：看来以后不能小看木木了，"查找和替换"功能掌握得挺好的。其实除了替换，还可以用分列完成。跟替换功能比较起来，会显得麻烦一点。

SETP 01　如图5-19所示，选择区域A2:A6，切换到"数据"选项卡，单击"分列"按钮，弹出
"文本分裂向导"对话框，保持默认设置不变，连续两次单击"下一步"按钮。

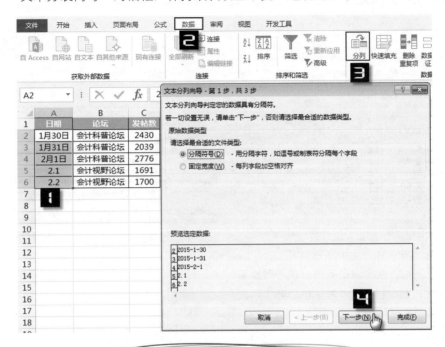

图 5-19　文本分列第 1 步

STEP 02　如图5-20所示，选中"日
期"单选按钮，单击"完
成"按钮，就可以转换成标
准日期。

木木：你多教一种方法，我就多学习一
种，赚到了。

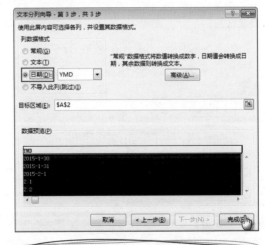

图 5-20　文本分列第 2 步

5.1.4　数据与单位分离

卢子：如图5-21所示，这是《Excel效率手册》销售明细表，在记录时为了让别人看清单位，所以在最后面添加一个"本"字。木木，你见过这种吗？

	A	B	C
1	姓名	数量	
2	黄光华	1本	
3	童丽英	2本	
4	李宁	1本	
5	朱闻宇	1本	
6	张建	2本	
7			

图 5-21　数量包含单位

木木：当然见过啦，我们做财务的，很多时候都是这样，在金额后面添加单位"元"，比如2000元这种。

卢子：这种看起来虽然没什么问题，但实际上却是个大问题。这种数据是不能直接求和的，你可以试试？

木木：我试试看。

STEP 01　如图5-22所示，将光标放在B7单元格，单击"自动求和"按钮。

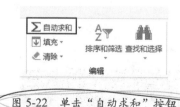

图 5-22　单击"自动求和"按钮

STEP 02　如图5-23所示，选择求和区域B2:B6。

B2		× ✓ fx	=SUM(B2:B6)	
	A	B	C	D
1	姓名	数量		
2	黄光华	1本		
3	童丽英	2本		
4	李宁	1本		
5	朱闻宇	1本		
6	张建	2本		
7		=SUM(B2:B6)		
8		SUM(number1, [number2], ...)		

图 5-23　选取区域

STEP 03　如图5-24所示，按Enter键后，总数量为0。

B7		× ✓ fx	=SUM(B2:B6)	
	A	B	C	D
1	姓名	数量		
2	黄光华	1本		
3	童丽英	2本		
4	李宁	1本		
5	朱闻宇	1本		
6	张建	2本		
7		0		
8				

图 5-24　数据不能求和

木木：还真是这样，这是怎么回事？

卢子：添加了单位的数字，就不叫数字了，叫文本。文本是不能求和的，直接当0处理。也就是说数字跟单位要分离才可以求和，这个分离木木应该很熟练吧，你来操作一遍。

木木：好啊。

如图5-25所示，借助Ctrl+H组合键打开"查找和替换"对话框，将"本"替换成空，并单击"全部替换"按钮。

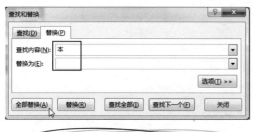

图 5-25 “查找和替换”对话框

如图5-26所示，将单位替换掉，现在就乖乖自动求和了。

B7 =SUM(B2:B6)

	A	B	C	D
1	姓名	数量		
2	黄光华	1		
3	童丽英	2		
4	李宁	1		
5	朱闻宇	1		
6	张建	2		
7		7		
8				

图 5-26 数量可以求和

卢子：如图5-27所示，一格一属性，不同内容的不要放在同一个单元格。单位都统一的话，可以直接放在表头。

	A	B	C
1	姓名	数量（本）	
2	黄光华	1	
3	童丽英	2	
4	李宁	1	
5	朱闻宇	1	
6	张建	2	
7			

图 5-27 一格一属性（1）

如图5-28所示，单位不统一的话，可以添加一列。

	A	B	C	D
1	姓名	数量	单位	
2	黄光华	1	本	
3	童丽英	2	本	
4	李宁	1	本	
5	朱闻宇	1	本	
6	京东	2	千本	
7	当当	3	千本	
8				

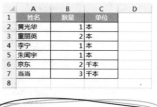

图 5-28 一格一属性（2）

小小的改变，却能给统计带来极大的便利。

5.1.5 不使用无意义的空格

卢子：如图5-29所示，这是《Excel效率手册》的销售明细表改进后的效果，在“姓名”一列，我们需要将姓名对齐。很多人都是用输入空格的方法，让姓名对齐的，木木你是否也是这样做的？

	A	B	C
1	姓名	数量（本）	
2	黄光华	1	
3	童丽英	2	
4	李 宁	1	
5	朱闻宇	1	
6	张 建	2	
7			

图 5-29 输入多余的空格

木木：是啊，你怎么知道的，我以前经常这样做。难道有其他方法吗？

卢子：方法还真有一个，将对齐方式设置为分散对齐即可。

STEP 01 如图5-30所示，借助Ctrl+H组合键打开“查找和替换”对话框，将空格全部替换掉。

图5-30　"查找和替换"对话框

STEP 02 如图5-31所示，选择区域A2:A6，单击"对齐方式"选项组中的对话框启动器按钮，在弹出的"设置单元格格式"对话框中，将"水平对齐"方式设置为"分散对齐"，单击"确定"按钮。

如图5-32所示，设置完成后，姓名将自动对齐。

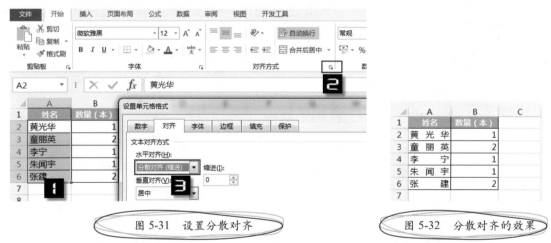

图5-31　设置分散对齐　　　　　　　　图5-32　分散对齐的效果

这样设置可以不用录入空格，大大提高了效率，同时也避免了空格录入多一个或者少一个的情况。

木木：这方法好棒，学习了。

5.1.6　保护工作表中的公式不被修改

卢子：如图5-33所示，这是一份员工信息表，如果要发送给别人，但里面的黄色填充部分设置的公式不想让别人修改。木木，如果是你，你会怎样做呢？

	A	B	C	D	E
1	姓名	身份证	出生日期	周岁	
2	秦建功	431381198703102276	1987-03-10	27	
3	乐弘文	431381197204199750	1972-04-19	42	
4	史俊哲	360829197304203537	1973-04-20	41	
5	奚圣杰	360829198501265395	1985-01-26	30	
6	郝清怡	360829198009191873	1980-09-19	34	
7	伍怡悦	360829197309115173	1973-09-11	41	
8	元泽民	360829197801181711	1978-01-18	37	
9	水开弅	360829198608121711	1986-08-12	28	
10	元嘉韬	360829197002105333	1970-02-10	44	
11	余高卓	360829197009284274	1970-09-28	44	
12	方熙运	360829198406234312	1984-06-23	30	
13	廉俊豪	360829197705237199	1977-05-23	37	
14	姜越泽	360829197107267099	1971-07-26	43	
15					

图 5-33　员工信息表

木木：直接跟他们说，这里有公式，不能修改，否则会出错啦！

卢子：靠人为提醒始终不是办法，如果要发送的人多，不可能全部提醒，即使提醒了别人也不一定会记住。

木木：那还能怎么办？

卢子：其实Excel中有一个功能叫保护工作表，也就相当于给工作表加一把锁，要打开这把锁必须有钥匙才行，而这把钥匙就是密码。这个密码只有你有，别人没有。通过保护，别人想改也改不了。

木木：居然有这么神奇的功能，现在就想看看具体如何操作的。

卢子：这个操作步骤比前面的那些功能稍微烦琐一点，我一步步说给你听。

STEP 01 如图5-34所示，单击"全选"按钮，按Ctrl+1组合键打开"设置单元格格式"对话框，切换到"保护"选项卡，取消选中"锁定"复选框，单击"确定"按钮。

图 5-34　取消锁定

STEP 02 如图5-35所示，选择区域C2:D14，按Ctrl+1组合键打开"设置单元格格式"对话框，切换到"保护"选项卡，选中"锁定"和"隐藏"复选框，单击"确定"按钮。

图 5-35 选中"锁定"与"隐藏"复选框

STEP 03 如图5-36所示，切换到"审阅"选项卡，单击"保护工作表"按钮，在弹出的"保护工作表"对话框中设置密码为"123456"（设置自己能够记住的号码），然后单击"确定"按钮。

STEP 04 如图5-37所示，在弹出的"确认密码"对话框中再输入一遍密码，单击"确定"按钮。

图 5-36 设置工作表保护

大功告成，如图5-38所示，现在只要修改公式区域，就会自动警告，让你无法修改。

木木：好像听懂了，不过我得回去熟练一下才行，要不记不住！

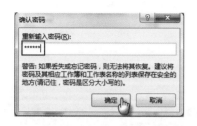

图 5-37　确认密码

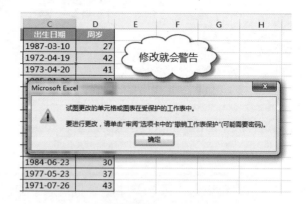

图 5-38　警告提示

5.1.7 数据备份很重要

卢子：木木，最近Excel学得怎么样了？

木木：你教的那些我全部会啦，哈哈。

卢子：其实这些都是细节问题，稍微提示一下就会了。对了，平常收到别人的Excel文档时，你是直接编辑还是……？

木木：打开Excel后就直接编辑啊，难不成还要做什么处理？

卢子：对于一些不重要的表格，直接编辑没有问题。但对于一些表格模板或者重要的表格，最好进行备份，如图5-39所示，利用副本进行编辑，不要在原稿上进行修改，以免造成意想不到的麻烦。

木木：会有什么麻烦呢？

图 5-39　建立副本

卢子：比如你现在对表格进行了一系列操作以后，要想重新复原到最初的表格，基本上是办不到的。如果只是用副本操作，不管怎么操作，原来的文档都还在，如果以后需要最初的表格，你依然可以用到。

木木：你考虑得真周到，学到了。

5.2 如何快速录入数据

好习惯养成了，接下来就得学会快速录入数据，这样才能更好地提高效率。

5.2.1 输入序列数字

卢子：木木，如图5-40所示，这里有一份客户的清单，需要逐个输入序号，你知道怎么做吗？

	A	B	C	D	E
1	序号	区域	省份	客户代码	
2	1	西南区	四川	086.05.17.0179	
3	2	华中区	四川	086.05.17.0183	
4	3	西南区	四川	086.05.17.0185	
5		西南区	四川	086.05.17.0196	
6		西南区	四川	086.05.17.0184	
7		西南区	四川	086.05.17.0282	
8		西南区	四川	086.05.17.0612	
9		西南区	四川	086.05.17.0279	
10		华北区	四川	086.05.17.0175	
11		西南区	四川	086.05.17.0255	
12		西南区	四川	086.05.17.0256	
13		西北区	四川	086.07.30.0043	
14		西南区	重庆	086.05.18.0004	
15		西南区	重庆	086.05.18.0038	
16					

图 5-40　客户清单

木木：这个我会，很容易。

如图5-41所示，在A2单元格中输入"1"，将鼠标指针放在A2单元格右下方，出现"+"字形，按住Ctrl键同时拖动鼠标，下拉到A15单元格即可生成1～14的序号。

	A	B	C	D	E
1	序号	区域	省份	客户代码	
2	1	西南区		05.05.17.0179	
3	2	华	按住Ctrl键	05.17.0183	
4	3	西		05.17.0185	
5		西南区		086.05.17.0196	
6		西南区	四川	086.05.17.0184	
7		西南区	四川	086.05.17.0282	
8		西南区	四川	086.05.17.0612	
9		西南区	四川	086.05.17.0279	
10		华北区	四川	086.05.17.0175	
11		西南区	四川	086.05.17.0255	
12		西南区	四川	086.05.17.0256	
13		西北区	四川	086.07.30.0043	
14		西南区	重庆	086.05.18.0004	
15		西南区	重庆	086.05.18.0038	
16					

图 5-41　下拉生成序号

卢子：不错。但序号多的话用这种方法就不太合适。如图5-42所示，这时可以将鼠标指针放在A2单元格右下方，出现"+"字形，双击单元格，选择"填充序列"命令就可以自动填充序号。

木木：对哦，如果有1万个序号就比较麻烦，还是你的方法快捷。

	A	B	C	D	E
1	序号	区域	省份	客户代码	
2	1	西		086.05.17.0179	
3				086.05.17.0183	
4	1	西南区	四川	086.05.17.0185	
5	1	西南区	四川	086.05.17.0196	
6	1	西南区	四川	086.05.17.0184	
7	1	西南区	四川	086.05.17.0282	
8	1	西南区	四川	086.05.17.0612	
9	1	西南区	四川	086.05.17.0279	
10	1	华北区	四川	086.05.17.0175	
11	1	西南区	四川	086.05.17.0255	
12	1	西南区	四川	086.05.17.0256	
13	1	西北区	四川	086.07.30.0043	
14	1	西南区	重庆	086.05.18.0004	
15	1	西南区	重庆	086.05.18.0038	
16					
17		○ 复制单元格(C)			
18		⊙ 填充序列(S)			
19		○ 仅填充格式(F)			
20		○ 不带格式填充(O)			
21		○ 快速填充(F)			

图 5-42　填充序列

5.2.2 填充日期序列

木木：如图5-43所示，我在给人员排班的时候，希望按工作日来填充日期，但直接下拉的话没有排除掉周末，怎么办？

	A	B	C
1	日期	人员	
2	2015-1-3	王启	
3	2015-1-4	郑准	
4	2015-1-5	周阙	
5	2015-1-6	李节	
6	2015-1-7	张三	
7	2015-1-8	孔庙	
8	2015-1-9	刘戡	
9	2015-1-10	张大民	
10	2015-1-11	阮大	
11	2015-1-12	吴柳	
12	2015-1-13	李明	
13	2015-1-14	田七	
14	2015-1-15	王小二	
15	2015-1-16	蔡延	
16			
17			

图 5-43　人员排班表

卢子：如果你细心观察的话，如图5-44所示，会发现下拉时有一个"自动填充选项"按钮，单击其下拉按钮会弹出下拉菜单，选择"以工作日填充"命令即可。

	A	B	C
1	日期	人员	
2	2015-1-3	王启	
3	2015-1-5	郑准	
4	2015-1-6	周阙	
5	2015-1-7	李节	
6	2015-1-8	张三	
7	2015-1-9		○ 复制单元格(C)
8	2015-1-12		○ 填充序列(S)
9	2015-1-13		○ 仅填充格式(F)
10	2015-1-14		○ 不带格式填充(O)
11	2015-1-15		○ 以天数填充(D)
12	2015-1-16		⊙ 以工作日填充(W)
13	2015-1-19		○ 以月填充(M)
14	2015-1-20		○ 以年填充(Y)
15	2015-1-21		○ 快速填充(F)
16			
17			
18			

图 5-44　选择"以工作日填充"命令

如图5-45所示，也可以试试"以月填充"与"以年填充"的效果。

以月填充	以年填充
2015-1-3	2015-1-3
2015-2-3	2016-1-3
2015-3-3	2017-1-3
2015-4-3	2018-1-3
2015-5-3	2019-1-3
2015-6-3	2020-1-3
2015-7-3	2021-1-3
2015-8-3	2022-1-3
2015-9-3	2023-1-3
2015-10-3	2024-1-3
2015-11-3	2025-1-3
2015-12-3	2026-1-3
2016-1-3	2027-1-3
2016-2-3	2028-1-3

图 5-45　以月填充和以年填充的效果

木木：原来如此，谢谢卢子。

5.2.3 输入身份证号码

卢子：木木，如图5-46所示，假如现在增加一列内
容，输入身份证号码，知道怎么操作吗？

	A	B	C	D
1	日期	人员	身份证号码	
2	2015-1-3	王启	626345199605132058	
3	2015-1-5	郑准		
4	2015-1-6	周阙		
5	2015-1-7	李节		
6	2015-1-8	张三		
7	2015-1-9	孔庙		
8	2015-1-12	刘戡		
9	2015-1-13	张大民		
10	2015-1-14	阮大		
11	2015-1-15	吴柳		
12	2015-1-16	李明		
13	2015-1-19	田七		
14	2015-1-20	王小二		
15	2015-1-21	蔡延		
16				

图 5-46　如何输入身份证号码

木木：这个我会，如图5-47所示，身份证号码跟其
他不一样，如果直接输入会出错，15位后
面全部变成0。

C3		:	× ✓ fx	626345199605132000
	A	B	C	D
1	日期	人员	身份证号码	
2	2015-1-3	王启	626345199605132058	
3	2015-1-5	郑准	6.26345E+17	
4	2015-1-6	周阙		
5	2015-1-7	李节		
6	2015-1-8	张三		
7	2015-1-9	孔庙		
8	2015-1-12	刘戡		
9	2015-1-13	张大民		
10	2015-1-14	阮大		
11	2015-1-15	吴柳		
12	2015-1-16	李明		
13	2015-1-19	田七		
14	2015-1-20	王小二		
15	2015-1-21	蔡延		
16				

图 5-47　超过 15 位数字后面全变成 0

如图5-48所示，在输入时，只需在身份
证前面输入"'"即可。

C3		:	× ✓ fx	'626345199005132056
	A	B	C	D
1	日期	人员	身份证号码	
2	2015-1-3	王启	626345199605132058	
3	2015-1-5	郑准	626345199005132056	
4	2015-1-6	周阙		
5	2015-1-7	李节		
6	2015-1-8	张三		
7	2015-1-9	孔庙		
8	2015-1-12	刘戡		
9	2015-1-13	张大民		
10	2015-1-14	阮大		
11	2015-1-15	吴柳		
12	2015-1-16	李明		
13	2015-1-19	田七		
14	2015-1-20	王小二		
15	2015-1-21	蔡延		
16				

图 5-48　输入 " ' "

卢子：这也是一种方法，我平常更习惯将单元格
设置为"文本"格式。如图5-49所示，选
择区域C2:C15，将单元格设置为"文本"
格式。

图 5-49　设置文本格式

这种方法有一个好处就是一劳永逸。仅设置一次单元格格式，以后只需输入身份证号码即可。

可以通过自定义单元格格式得到，也就是说，只需要输入"潮州"即可。

	A	B	C
1	人员	城市	
2	陈小琴	广东潮州	
3	伍占丽	广东潮州	
4	王婵凤	广东潮州	
5	程凤	广东潮州	
6	李永琴	广东汕头	
7	张孟园	广东汕头	
8	王艳萍	广东汕头	
9	叶丽翠	广东汕头	
10	宋蕾	广东广州	
11	宋凤	广东广州	
12	郭燕华	广东中山	
13	王星	广东中山	
14	蔡婧	广东东莞	
15	伍运娥	广东东莞	
16	陈秀红	广东东莞	
17			

图 5-50　广东省各城市人员对应表

5.2.4　批量为城市添加省份

卢子：如图5-50所示，这是广东省各城市人员对应表，木木，如果是你，你怎么输入这些城市呢？

木木：直接输入啊，如"广东潮州"，难不成还有其他办法？

卢子：直接输入当然可以，但实际上没必要这么做。因为前面两个字都是"广东"，这个

如图5-51所示，选择区域B2:B16，利用Ctrl+1组合键打开"设置单元格格式"对话框。切换到"数字"选项卡，然后选择"自定义"选项，在"类型"文本框中输入代码""广东"@"，单击"确定"按钮。

图 5-51　自定义单元格格式

木木：这个代码是什么意思？

卢子：@代表所有文本，""广东"@"也就是在所有文本前面添加"广东"两个字。

木木：那什么代表所有数字呢？

卢子：数字用"G/通用格式"，如果是整数的话，可以直接用"0"表示。比如要输入每个人的年龄，就可以用下面的自定义代码：

> G/通用格式"岁"
>
> 0"岁"

如图5-52所示，现在只需输入数字，就会自动在后面添加"岁"字。

木木：又学了一招，效率又提高了。

图 5-52　自定义后输入的效果

5.2.5　使用"自动更正"功能快捷输入长字符串

卢子：如图5-53所示，经常要输入客户名称，但客户名称都比较长，木木，如果是你会怎样输入这些客户名称呢？

木木：前面已经教过我用数据验证——序列，可以用这种办法来做。

卢子：当客户名称的数量不超过5个时，用序列是最好的选择，但当数量比较大时，在做下拉选择时，你还要去找很久，反而更慢。

木木：下拉总比输入要快，除了这个还有更好的方法吗？

	A	B	C	D
1	区域	省份	客户名称	
2	西南区	四川	成都市同兴达包装印务有限公司	
3	华中区	四川	四川通安达印务有限公司	
4	西南区	四川		
5	西南区	四川		
6	西南区	四川		
7	西南区	四川		
8	西南区	四川		
9	西南区	四川		
10	华北区	四川		
11	西南区	四川		
12	西南区	四川		
13	西北区	四川		
14	西南区	重庆		
15	西南区	重庆		
16				

图 5-53　如何输入长字符串

卢子：客户名称这个要经常输入，所以可以采用自动更正功能来做。

STEP 01 如图5-54所示，选择"文件"菜单中的"选项"命令。在弹出的"Excel选项"对话框中选择"校对"选项，再单击"自动更正选项"按钮，输入客户名称的首字母，更正为客户名称的全名，输入后单击"确定"按钮。

图 5-54　自动更正操作

STEP 02 如图5-55所示，在单元格中输入"TXD"后按Enter键就变成"成都市同兴达包装印务有限公司"，非常方便。

木木：输入首字母就完成，比一个个下拉选择更快，不错。

卢子：但自动更正也会有后遗症，就是以后输入都会自作主张地更正。

▲	A	B	C	D
1	区域	省份	客户名称	
2	西南区	四川	成都市同兴达包装印务有限公司	
3	华中区	四川	四川通安达印务有限公司	
4	西南区	四川	TXD	
5	西南区	四川		
6	西南区	四川		
7	西南区	四川		

图 5-55　输入首字母即可生成长字符串

5.2.6 特殊符号输入

卢子：木木，你在输入√或者×这些符号时，是怎么输入的呢？

木木：按住Alt+小键盘的数字，"√"就是"41420"。

卢子：对于一向使用笔记本的我而言，靠这种方法输入非常麻烦，还有就是不容易记住这些数字。如图5-56所示，我一般都是借助搜狗输入法来输入这些特殊字符，输入dui就能得到√，输入cuo就能得到×。

木木：这个更好，赞一个！

图 5-56　搜狗输入法输入特殊字符

使用搜狗输入法，还可以输入平方米（m^2），立方米（m^3）等，大大减轻了记忆的负担。

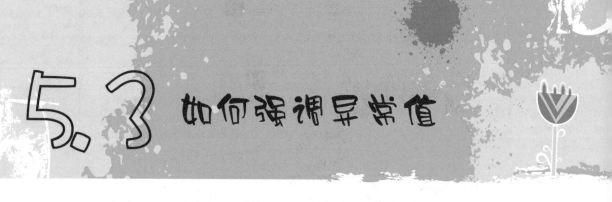

5.3 如何强调异常值

数据录入速度提高，接下来对一些数据进行强调显示，达到可视化效果。

5.3.1 标记成绩优秀的学生

卢子：木木，这里有一份学生的成绩表，如图5-57所示，如果让你把大于85分的成绩用颜色标示出来，你该怎么操作呢？

	A	B	C
1	姓名	成绩	
2	陈小琴	54	
3	伍占丽	58	
4	王婵凤	79	
5	程凤	67	
6	李永琴	71	
7	张孟园	86	
8	王艳萍	53	
9	叶丽翠	64	
10	宋蕾	56	
11	宋凤	84	
12	郭燕华	56	
13	王星	78	
14	蔡婧	90	
15	伍运娥	72	
16	陈秀红	79	
17			

图 5-57　学生成绩表

木木：用眼睛看，如果大于85分的，我就用填充色标示出来。

卢子：如果只有几个人的话，可以用这种，但对于几百人的成绩或者更多，这种办法显然是不明智的。

STEP 01 如图5-58所示，选择区域B2:B16，单击"快速分析"按钮。

图 5-58　单击"快速分析"按钮

STEP 02 如图5-59所示，将鼠标指针放在"大于"按钮上面，就会标示颜色，但默认的效果不是我们所需要的。

图 5-59　设置快速分析

STEP 03 如图5-60所示，在"为大于以下值的单元格设置格式"文本框中输入"85"，单击"确定"按钮。

图 5-60　为大于 85 的值设置颜色

木木：我刚刚试了一下，怎么没找到"快速分析"这个功能按钮，怎么回事？

卢子：这个是2013版新增加的功能，其他版本是没有的，不过可以采用"条件格式"的方法来做。

SETP 01 如图5-61所示，选择区域B2:B16，单击"条件格式"按钮，在弹出的下拉菜单中选择"突出显示单元格规则"→"大于"命令。

图 5-61　使用条件格式

STEP 02 在"为大于以下值的单元格设置格式"文本框中输入"85"，单击"确定"按钮，如图5-62所示。

图 5-62　为大于85的值设置颜色

木木： 原来这里的"条件格式"与"快速分析"差不多，懂了。

5.3.2 标记前5名的成绩

木木： 如果这里是把成绩前5名的标示出来，怎么做？

卢子： 也可以借助"条件格式"完成。因为前面已经设置了条件格式，为了不互相影响，先清除规则，然后再处理。

STEP 01 如图5-63所示，选择区域B2:B16，单击"条件格式"按钮，在弹出的下拉菜单中选择"清除规则"→"清除所选单元格的规则"命令。

图 5-63　选择"清除所选单元格的规则"命令

STEP 02 如图5-64所示，选择区域B2:B16，单击"条件格式"按钮，在弹出的下拉菜单中选择"项目选取规则"→"前10项"命令。

STEP 03 如图5-65所示，在"为值最大的那些单元格设置格式"微调框中输入"5"，单击"确定"按钮。

图 5-64　前 10 项

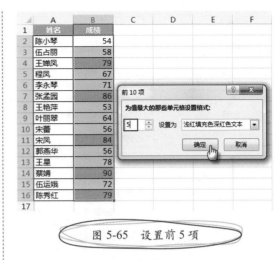

图 5-65　设置前 5 项

木木：　"条件格式"里有好多功能，卢子，你再讲几个吧。

5.3.3　为项目进度标记进度条

卢子：　如图5-66所示，现在把成绩表略作更改，来演示"数据条"的做法。以100分为满分，1分代表一个进度。

如图5-67所示，选择区域B2:B16，单击"条件格式"按钮，在弹出的下拉菜单中选择"数据条"→"蓝色数据条"命令。

如图5-68所示，成绩越高，数据条越长，如果将成绩换成项目进度，就变成了项目进度条，通过进度条就能清晰地看到每个项目的进展。

	姓名	成绩	C
1	姓名	成绩	
2	陈小琴	1	
3	伍占丽	58	
4	王婵凤	79	
5	程凤	67	
6	李永琴	71	
7	张孟园	86	
8	王艳萍	53	
9	叶丽翠	64	
10	宋蕾	56	
11	宋凤	84	
12	郭燕华	56	
13	王星	78	
14	蔡婧	90	
15	伍运娥	72	
16	陈秀红	100	
17			

图 5-66　成绩表

图 5-67　数据条图

▲	A	B	C
1	姓名	成绩	
2	陈小琴	1	
3	伍占丽	58	
4	王婵凤	79	
5	程凤	67	
6	李永琴	71	
7	张孟园	86	
8	王艳萍	53	
9	叶丽翠	64	
10	宋蕾	56	
11	宋凤	84	
12	郭燕华	56	
13	王星	78	
14	蔡婧	90	
15	伍运娥	72	
16	陈秀红	100	
17			

5-68　数据条效果图

如图5-69和图5-70所示，"色阶"与"图标集"平常用得较少，知道有这么一回事就行。

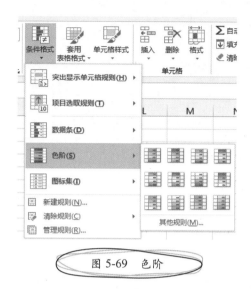

图 5-69　色阶

图 5-70　图标集

木木：“条件格式”很强大，但也很简
单，一学就会。

卢子：因为这些不用设置公式，所以很
简单，“条件格式”下拉菜单的
“新建规则”中涉及各种规则的
设置，特别是使用公式设置，难
度会大一些，如图5-71所示。

木木：原来我看到的是表面，还有这么
高级的功能。

图 5-71　新建规则

5.3.4　标示重复项目

卢子：木木，如图5-72所示，现在如果让你把重复
的姓名标示出来，你会做吗？

图 5-72　姓名表

木木：这个我应该会做，刚刚就看到有这个功
能：仅对唯一值或重复值设置格式，我试

试看。

STEP 01　如图5-73所示，选择区域A2:A16，单击
“条件格式”按钮，在弹出的下拉菜
单中选择“新建规则”命令。

图 5-73　选择“新建规则”命令

STEP 02 如图5-74所示，在弹出的"新建格式规则"对话框的"选择规则类型"列表框中选择"仅对唯一值或重复值设置格式"选项，再单击"格式"按钮。

图 5-74　"新建格式规则"对话框

STEP 03 如图5-75所示，弹出"设置单元格格式"对话框，切换到"填充"选项卡，选择红色填充色，单击"确定"按钮。

图 5-75　"设置单元格格式"对话框

STEP 04 如图5-76所示，单击"确定"按钮，效果就出来了。

图 5-76　标示重复值的效果

卢子：不错，现学现用。

如果使用Excel 2013版的话，会变得更加简单。

如图5-77所示，选择区域A2:A16，单击"快速分析"按钮，在弹出的下拉菜单中单击"重复的值"按钮，即可瞬间完成标示重复值的操作。

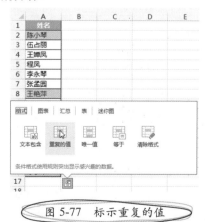

图 5-77　标示重复的值

木木：Excel 2013版太强大了，N步的操作变成1步即可搞定，我也要安装Excel 2013版。

5.3.5　将语文成绩大于数学成绩的标示出来

卢子：前面说的这些都是直接设置，如图5-78所示，现在要将语文成绩大于数学成绩的标示出来，直接设置找不到这个功能，这时就得设置公式了。设置公式非常灵活，可以实现各种各样的效果。

	A	B	C	D
1	姓名	语文	数学	
2	陈小琴	80	54	
3	伍占丽	61	49	
4	王婵凤	93	49	
5	程凤	93	40	
6	李永琴	78	78	
7	张孟园	92	70	
8	王艳萍	96	87	
9	叶丽翠	45	93	
10	宋蕾	99	76	
11	郭燕华	75	54	
12	王星	49	75	
13	蔡婧	98	72	
14	伍运娥	45	65	
15				

图 5-78　成绩表

STEP 01 如图5-79所示，选择区域A2:C14，单击"条件格式"按钮，在弹出的下拉菜单中选择"新建规则"命令。

STEP 02 如图5-80所示，在弹出的"新建格式规则"对话框的"选择规则类型"列表框中选择"使用公式确定要设置格式的单元格"选项，并在"为符合此公式的值设置格式"文本框中设置下面的公式，再单击"格式"按钮。

=$B2>$C2

图 5-79　选择"新建规则"命令

图5-80　设置公式

STEP 03 弹出"设置单元格格式"对话框，

切换到"填充"选项卡，选择绿色填充色，单击"确定"按钮。返回"编辑格式规则"对话框，单击"确定"按钮，满足条件的项目会自动显示填充色，如图5-81所示。

木木：谢谢卢子，条件格式的所有功能我都会了。

图 5-81　设置公式

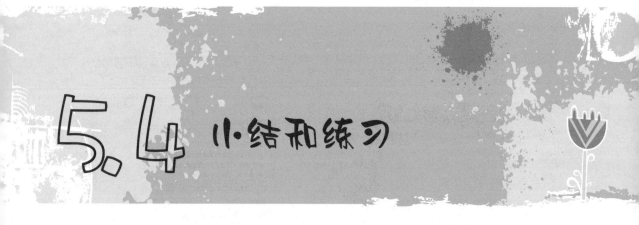

5.4.1　小结

我们很多时候都是在做数据录入的工作，懂得方法将会使录入速度加快，并保证准确性。如果还能懂其中的规则，养成一些好习惯，制作出标准的数据源会对以后的数据处理带来极大的便利。

5.4.2 练习

部门工资表如图5-82所示，请进行以下练习。

1.通过设置序列下拉列表选择各个部门

2.通过自定义单元格格式，只要输入"1"就自动变成"龙001"

3.通过"条件格式"，将工资小于5000元的标示出来。

4."工资"这一列是用公式引用的，设置工作表保护，保护公式不被修改。

	A	B	C	D
1	部门	工号	工资	
2	设计部	龙001	9898	
3	运营部	龙002	9346	
4	推广部	龙003	5802	
5	技术部	龙004	5000	
6	编辑部	龙005	7947	
7	设计部	龙006	3777	
8	运营部	龙007	9191	
9	推广部	龙008	5103	
10	技术部	龙009	5265	
11				

图 5-82　部门工资表

读书 心得

Office

Excel效率手册

06

数据处理

数据处理是对数据的采集、存储、检索、加工、变换和传输。

数据处理的基本目的是从大量的、可能是杂乱无章的、难以理解的数据中抽取并推导出对于我们来说是有价值、有意义的数据。

举个最简单的例子，家里各种各样的东西一大堆扔在一个角落，这些东西因为没有区分显得非常乱，看不出哪些是有用的，哪些是没用的。如果你抽出时间，将这些东西整理区分，重新摆放，就可以快速找到对你有价值的东西。家里的东西乱了要整理，数据乱了也要整理，经过整理，留下对我们最有用的数据，其他都剔除。

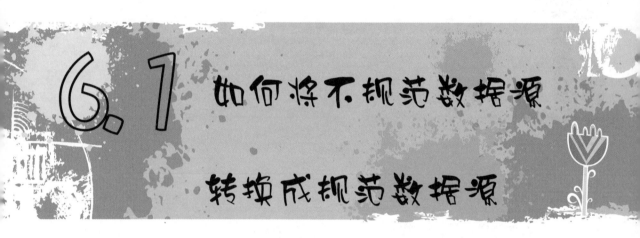

6.1 如何将不规范数据源转换成规范数据源

数据很多时候并不仅仅存在Excel中，有可能来自网站、数据库、文本……需要将数据导入Excel中，然后再进一步处理才可以使用。

6.1.1 将记事本中的数据导入Excel

卢子：以前的数据都是直接在记事本中输入，如图6-1所示，如果是在别的软件中输入，你懂得如何导入Excel中吗？

木木：这个太简单了。

STEP 01 如图6-2所示，打开记事本，选择里面所有的内容，按Ctrl+C组合键。

图 6-1　在记事本中输入数据

图 6-2　复制内容

STEP 02　如图6-3所示，打开Excel，单击单元格A1，按Ctrl+V组合键就搞定了。

卢子：现在这些数据是在同一个单元格中，你知道怎么分开吗？

木木：这个借助分列功能就可以分开吧。

STEP 01　如图6-4所示，选择区域A1:A15，单击"数据"选项卡中的"分列"图标，弹出
　　　　 "文本分列向导"对话框，选中"分割符号"单选按钮，单击"下一步"按钮。

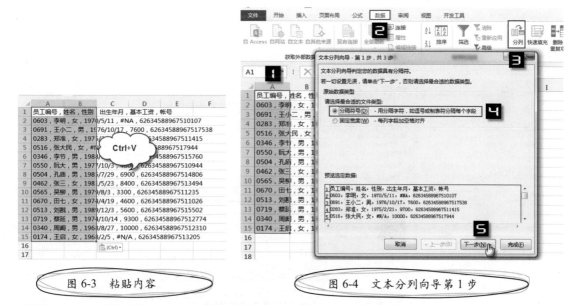

图 6-3　粘贴内容

图 6-4　文本分列向导第 1 步

STEP 02　如图6-5所示，选中"其他"复选框，输入中文状态下的逗号（，），单击"完成"
　　　　 按钮。

　　　　 怎么回事呢？员工编号前面的0消失了，账号变成6.26346E+16，如图6-6所示。

图 6-5　文本分列向导第 2 步

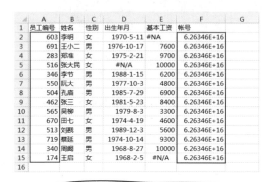

图 6-6　数字出现异常

卢子：因为"员工编号"与"账号"两列都需要将单元格设置为文本格式才行，否则就出错。

STEP 01 重复刚才的操作，如图6-7所示，在"文本分列向导"第2步设置后，单击"下一步"按钮，进入第3步，选中"员工编号"这一列，然后选中"文本"单选按钮。

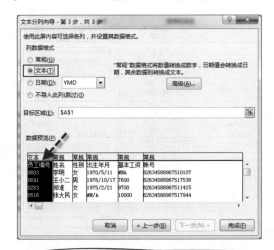

图 6-7　将员工编号设置为文本格式

STEP 02 如图6-8所示，选中"账号"这一列，然后选中"文本"单选按钮，单击"完成"按钮。

通过这小小的改变，"员工编号"与"账号"列恢复了正常，如图6-9所示。

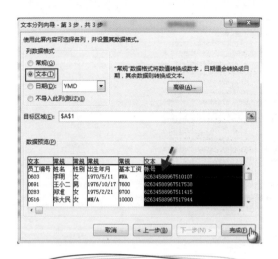

图 6-8　将账号设置为文本

	A	B	C	D	E	F
1	员工编号	姓名	性别	出生年月	基本工资	帐号
2	0603	李明	女	1970-5-11	#N/A	62634588967510107
3	0691	王小二	男	1976-10-17	7600	62634588967517538
4	0283	郑准	女	1975-2-21	9700	62634588967511415
5	0516	张大民	女	#N/A	10000	62634588967517944
6	0346	李节	男	1988-1-15	6200	62634588967515760
7	0550	阮大	男	1977-10-3	4800	62634588967510944
8	0504	孔庙	男	1985-7-29	6900	62634588967514806
9	0462	张三	女	1981-5-23	8400	62634588967513494
10	0565	吴柳	男	1979-8-3	3300	62634588967511235
11	0670	田七	男	1974-4-19	4600	62634588967511026
12	0513	刘戬	男	1989-12-3	5600	62634588967515502
13	0719	蔡延	男	1974-10-14	9300	62634588967512774
14	0340	周幽	男	1968-8-27	10000	62634588967512310
15	0174	王启	女	1968-2-5	#N/A	62634588967513205

图 6-9　导入后数据正常了

木木：原来分列还有这样的功能，学习了。

6.1.2　去除错误值

卢子：这样虽然将数据分开了，但里面还是包含一些错误值"#N/A"，这些看起来很不美观。如何去除这些错误值呢？

木木：哈哈，别的不会，替换这一招我用得非常熟悉。

STEP 01　选择任意错误值的单元格后，复制。

STEP 02　如图6-10所示，按Ctrl+H组合键打开"查找和替换"对话框，将错误值粘贴在"查找内容"的文本框，然后单击"全部替换"按钮。

图 6-10　将错误值替换为空

替换后错误值就全部变成了空白，如图6-11所示。

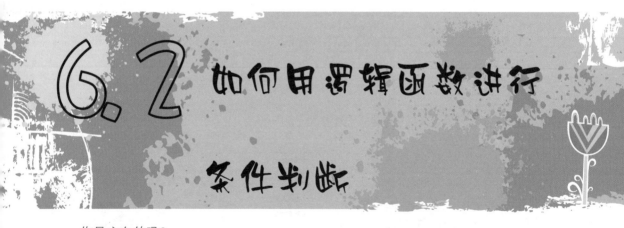

	A	B	C	D	E	F
1	员工编号	姓名	性别	出生年月	基本工资	帐号
2	0603	李明	女	1970-5-11		62634588967510107
3	0691	王小二	男	1976-10-17	7600	62634588967517538
4	0283	郑淮	女	1975-2-21	9700	62634588967511415
5	0516	张大民	女		10000	62634588967517944
6	0346	李节	男	1988-1-15	6200	62634588967515760
7	0550	阮大	男	1977-10-3	4800	62634588967510944
8	0504	孔庙	男	1985-7-29	6900	62634588967514806
9	0462	张三	女	1981-5-23	8400	62634588967513494
10	0565	吴柳	男	1979-8-3	3300	62634588967511235
11	0670	田七	女	1974-4-19	4600	62634588967511026
12	0513	刘戳	男	1989-12-3	5600	62634588967515502
13	0719	蔡延	男	1974-10-14	9300	62634588967512774
14	0340	周阈	男	1968-8-27	10000	62634588967512310
15	0174	王启	女	1968-2-5		62634588967513205

图 6-11　替换后的效果

卢子：木木好样的，查找替换以后对你而言，再无难题！实际上替换掉这些错误值后还得重新确认，补充正确的信息，这样得到的才是完整的信息。

6.2 如何用逻辑函数进行条件判断

你是广东的吗？

你是学财务的吗？

你是Excel爱好者吗？

……

每天都会接触到很多类似的问题，都围绕着"是"或者"不是"展开。"是"在Excel中用TRUE表示，"不是"在Excel中用FALSE。而TRUE与FALSE就是逻辑函数，也就是说我们每天都在跟逻辑函数打交道。

6.2.1　IF函数判断称呼

卢子：如图6-12所示，这是一份学生成绩表，如何根据性别判断称呼，性别为男的显示"先生"，女的显示"女士"？

	A	B	C	D	E	F	G	H	I	J
1	编号	姓名	性别	称呼	专业类	专业代号	来源	原始分	总分	录取情况
2	1	汪梅	男		理工		本地	599		
3	2	郭磊	女		理工		本地	661		
4	3	林涛	男		理工		本省	467		
5	4	朱健	男		文科		本省	310		
6	5	李明	女		文科		本省	584		
7	6	王建国	女		财经		外省	260		
8	7	陈玉	女		财经		本地	406		
9	8	张华	女		文科		本地	771		
10	9	李丽	男		文科		本地	765		
11	10	汪成	男		理工		本地	522		
12	11	李军	女		理工		本地	671		
13	12	王红蕾	男		文科		本地	679		
14	13	王华	男		理工		本省	596		
15	14	孙传富	男		财经		外省	269		
16	15	赵炎	女		财经		外省	112		
17										

图 6-12　学生成绩表

木木：条件判断不就是IF函数吗，很简单。

STEP 01　如图6-13所示，单击D2单元格，在编辑栏中输入下面的公式。

=IF(C2="男","先生","女士")

PV				✕ ✓	fx	=IF(C2="男","先生","女士")		
	A	B	C	D	E	专业代号	来源	原始分
1	编号	姓名	性别	称呼	专业类			
2	1	汪梅	男	=IF(C	理工		本地	599
3	2	郭磊	女		理工		本地	661
4	3	林涛	男		理工		本省	467
5	4	朱健	男		文科		本省	310

图 6-13　输入 IF 函数

STEP 02　如图6-14所示，按Enter键后，D2单元格自动生成"先生"。把鼠标指针放在D2单元格右下角，出现"+"时，双击单元格。

D2			✕ ✓	fx	=IF(C2="男","先生","女士")				
	A	B	C	D	E	专业代号	来源	原始分	
1	编号	姓名	性别	称呼	专业类				
2	1	汪梅	男	先生	理工		本地	599	
3	2	郭磊	女		理工		本地	661	
4	3	林涛	男		理工		本省	467	
5	4	朱健	男		文科		本省	310	
6	5	李明	女		文科		本省	584	
7	6	王建国	女		财经		外省	260	
8	7	陈玉	女		财经		本地	406	
9	8	张华	女		文科		本地	771	
10	9	李丽	男		文科		本地	765	
11	10	汪成	男		理工		本地	522	
12	11	李军	女		理工		本地	671	
13	12	王红蕾	男		文科		本地	679	
14	13	王华	男		理工		本省	596	
15	14	孙传富	男		财经		外省	269	
16	15	赵炎	女		财经		外省	112	

图 6-14　双击填充公式

如图6-15所示，填充公式后，所有称呼都显示出来。

D2			✕ ✓	fx	=IF(C2="男","先生","女士")				
	A	B	C	D	E	专业代号	来源	原始	
1	编号	姓名	性别	称呼	专业类				
2	1	汪梅	男	先生	理工		本地	599	
3	2	郭磊	女	女士	理工		本地	661	
4	3	林涛	男	先生	理工		本省	467	
5	4	朱健	男	先生	文科		本省	310	
6	5	李明	女	女士	文科		本省	584	
7	6	王建国	女	女士	财经		外省	260	
8	7	陈玉	女	女士	财经		本地	406	
9	8	张华	女	女士	文科		本地	771	
10	9	李丽	男	先生	文科		本地	765	
11	10	汪成	男	先生	理工		本地	522	
12	11	李军	女	女士	理工		本地	671	
13	12	王红蕾	男	先生	文科		本地	679	
14	13	王华	男	先生	理工		本省	596	
15	14	孙传富	男	女士	财经		外省	269	
16	15	赵炎	女	女士	财经		外省	112	
17									

图 6-15　填充公式后的效果

卢子：不错，我再补充下用法，你就当复习，温故而知新。

如图6-16所示，IF函数有三个参数，每个参数都有不同的含义，只有明白了其中的含义，才能准确地设置公式。

刚刚的判断也可以改成下面的公式。

=IF(C2="女","女士","先生")

木木：再复习几次，我都可以当老师了，哈哈！

图 6-16　IF 函数语法

6.2.2　IF函数嵌套判断专业代号

卢子：性别只有两种情况，非男即女。现在专业代号有三种，理工显示"LG"，文科显示"WK"，财经显示"CJ"。单个IF函数是无法直接完成的，你知道怎么做吗？

木木：函数嵌套我还不会，教教我怎么做吧。

卢子：函数最有意思的地方就是嵌套，每个参数都可以嵌套不同的函数，从而变成非常强大的公式。跟组合积木差不多，通过小小的积木，组合成庞大的模型。

=IF(E2="理工","LG",IF(E2="文科","WK","CJ"))

如图6-17所示，当E2是理工时显示"LG"，否则就显示后面的IF(E2="文科","WK","CJ")。

PV			✕	✓	fx	=IF(E2="理工","LG",IF(E2="文科","WK","CJ"))			
						IF(logical_test, [value_if_true], [value_if_false])			
▲	A	B	C	D	E	F	G	H	I	J
1	编号	姓名	性别	称呼	专业类	专业代号	来源	原始分	总分	录取情况
2	1	汪梅	男	先生	理工	","CJ"))	本地	599		
3	2	郭磊	女	女士	理工		本地	661		
4	3	林涛	男	先生	理工		本省	467		

图 6-17　IF 函数分步解读

执行了第一次判断后，再执行第二次判断。

当E2是文科时显示"WK"，否则就显示"CJ"。

木木：听起来还是有点模糊。

卢子：我再用一个示意图来表示，你一看就懂。如图6-18所示，其实IF函数就跟找女朋友一样，首先是判断美丑，如果是美女再进一步判断是否聊得来。

图6-18　找女友示意图

木木：原来你们男人都是这样看脸的。

卢子：其实女人也差不多，经常都听见女人说这
　　　么一句：你是个好人，如图6-19所示。

有钱有脸的叫男神，有钱没脸的叫老
公，有脸没钱的叫蓝颜，至于没钱又没
脸的嘛，对不起，你是个好人。

图6-19　好人图

木木：哈哈，没错，卢子，你是个好人！

卢子：每次听到这句话都有一种欲哭无泪的感
　　　觉。不说这个了，继续回到IF函数的运
　　　用上。

6.2.3　IF函数嵌套的巩固

卢子：利用前面的知识，获取总分。来源为"本地"，总分为原始分加30；来源为本省，总分为原始分
　　　加20；来源为外省，总分为原始分加10。

木木：我试试，这个我应该会做。

STEP 01　在I2单元格中输入公式：

> =IF(G2="本地 ",H2+30,IF(G2="本省 ",H2+20,H2+10))

STEP 02　把鼠标指针放在I2单元格右下角，出现"+"时，双击单元格，填充公式。
　　　依样画葫芦，搞定！

卢子：写得不错，但这个公式还可以进一步简
　　　化。这里就涉及数学中的合并同类项，就
　　　是将相同的内容提取出来，对表达式进行
　　　简化，如图6-20所示。

表达式　　**5ab-2ab+3ab**

简化　　　**(5-2+3)ab**

图6-20　合并同类项

其实Excel中的公式跟数学中的表达式也有点类似，可以做同样的操作。"H2+"这个是同样的，所以可以提取出来，最终公式：

=H2+IF(G2= "本地 ", 30,IF(G2= "本省 ", 20,10))

木木：原来这样，那我数学不好是不是不能学好公式？

卢子：数学好对学好公式有一点作用，但也不是绝对的。再说，实际工作中只要能解决问题就行，不要执着于公式的简化。

木木：这样还好，要不然我都没信心了。

6.2.4 AND函数满足多条件获取录取情况

卢子：截至目前都是单个IF函数的运用，现在开始会涉及与其他函数的嵌套运用。

木木：函数嵌套这个一直是我的心结，单个函数我还懂，一嵌套就晕了。

卢子：其实只要能熟练单个函数的用法，多个函数的嵌套也不是难事。现在跟你讲满足多条件获取录取的情况。

现在某公司准备录取性别为女性、总分在600分以上的人，该怎么做呢？

在J2单元格中输入公式，并向下填充公式：

=IF(AND(C2= "女 ",I2>600), "录取", " ")

如图6-21所示，AND函数当所有条件都为TRUE时，返回TRUE。

如图6-22所示，AND函数只要其中一个条件为FALSE，则返回FALSE。

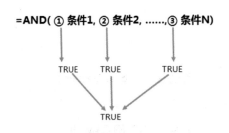

图 6-21 AND 函数语法条件（1）

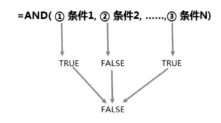

图 6-22 AND 函数语法条件（2）

举一个简单的例子来说明下，怎么算是在谈恋爱呢？

条件1：男的喜欢女的。

条件2：女的喜欢男的。

只有同时满足这两个条件，才算谈恋爱，否则最多算单相思。

=IF(AND(男的喜欢女的,女的喜欢男的),"谈恋爱","单相思")

木木：秒懂！卢子现在谈恋爱了，说话变得越来越有才，哈哈哈。

卢子：其实很多事情都是相通的，你想学习Excel，我愿意分享Excel，才有了这次对话。

说到AND函数不得不提另外一个函数：OR，这个函数跟AND很相似。

如图6-23所示，OR函数只有当所有条件都为FALSE时，才返回FALSE。

如图6-24所示，OR函数只要其中一个条件为TRUE，则返回TRUE。

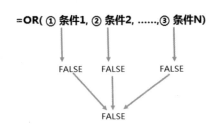

图 6-23　OR 函数语法条件（1）

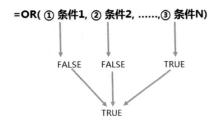

图 6-24　OR 函数语法条件（2）

举个例子来说明下，怎样才算好运。

条件1：出门捡到钱了。

条件2：买彩票中奖了。

条件3：遇到好心人帮你解决疑难了。

我们不需要所有条件都成立才算好运，只需满足其中一个即可。

=IF(OR(出门捡到钱了,买彩票中奖了,遇到好心人帮你解决疑难了),"好运"," 正常 ")

木木：我好幸运啊，遇到卢子大帅哥教我Excel，解决疑难。

6.3 如何用数学与统计函数进行数据汇总

总分考了多少？

最高分是多少？

最低分是多少？

全班有多少人？

······

数学与统计函数同样跟我们的生活息息相关，非常重要。

6.3.1 自动求和妙用

卢子：如图6-25所示，这是某学校的成绩明细表，如何统计总分、平均分、考试人数、最高分、最低分？

	A	B	C	D	E	F	G
1	姓名	数学	语文	英语	总分	平均分	
2	李明	39	55	90			
3	王小二	60	64	77			
4	郑准	86	79	98			
5	张大民	77	85	83			
6	李节	43	47	54			
7	阮大	56	71	49			
8	孔庙	90	89	98			
9	张三	45	67	88			
10	吴柳	77	88	67			
11	田七	65	55	44			
12	王启	77	98	28			
13	考试人数						
14	最高分						
15	最低分						
16							

图 6-25　成绩明细表

木木：总分这个我会，其他我就不懂了。

STEP 01　如图6-26所示，单击E2单元格，切换到"公式"选项卡，单击"自动求和"按钮，就自动帮你选择区域求和。

STEP 02　如图6-27所示，将公式下拉填充到E12，搞定。

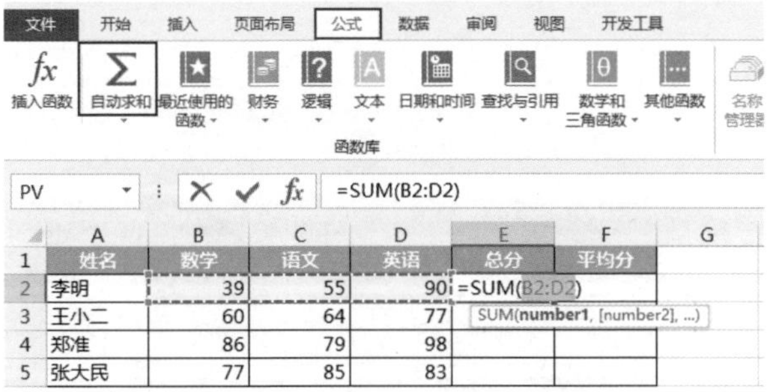

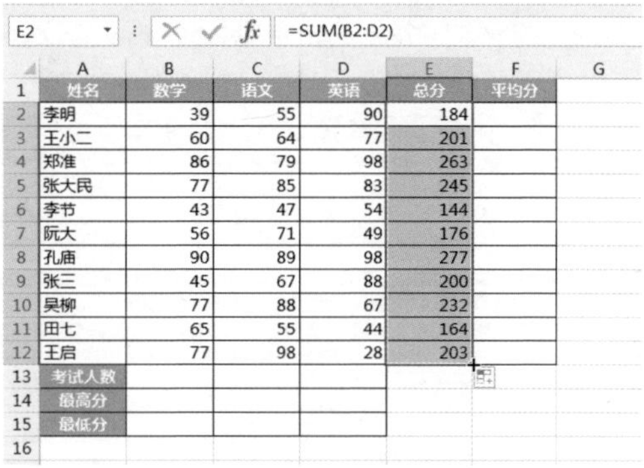

图 6-26　自动求和

图 6-27　填充公式

卢子：　"自动求和"这个功能确实很实用，轻轻一点就全搞定。其实"自动求和"并不仅仅是求和而已，还包含了很多功能。如图6-28所示，单击"自动求和"下拉按钮，会出现"求和""平均值""计数""最大值""最小值"等命令。

图 6-28　自动求和隐藏的功能

木木：　天啊，居然藏着这么多秘密！

卢子：　这个也是我无意间发现的，那时无聊，就

对着Excel各个功能乱点，点到这个时就像发现新大陆一样。这几个你可以逐个去测试，我把公式先发给你看看。最终效果如图6-29所示。

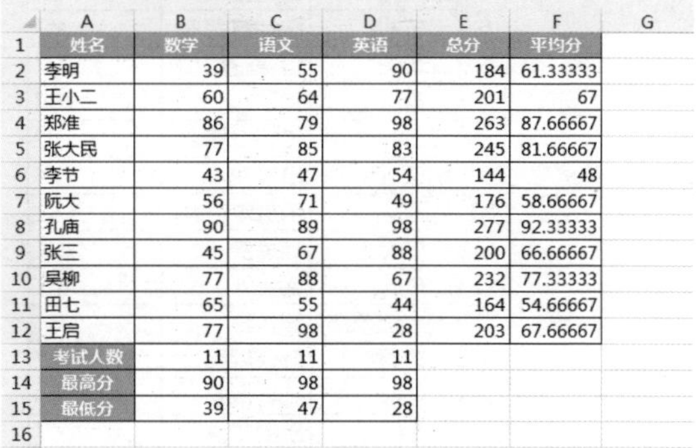

图 6-29　效果图

平均分：

=AVERAGE(B2:D2)

153

考试人数：

=COUNT(B2:B12)

最高分：

=MAX(B2:B12)

最低分：

=MIN(B2:B12)

需要注意的是：记得更改区域，智能选择的区域不一定正确，这几个函数都比较简单，会一个其他就都会了。

木木：是啊，一下子5个函数都学会了，我好厉害啊！

6.3.2　SUMIF（COUNTIF）函数对科目进行单条件求和与计数

卢子：前面5个函数都比较简单，直接用"自动求和"下拉按钮就可以搞定，不伤脑。下面这两个问题就稍微有点难度！

如图6-30所示，根据左边每个科目的消费明细，统计右边的科目出现的次数跟金额。

	A	B	C	D	E	F	G	H
1	部门	科目	金额		科目	次数	金额	
2	一车间	邮寄费	29		办公用品			
3	一车间	出租车费	80		教育经费			
4	二车间	邮寄费	19		过桥过路费			
5	二车间	过桥过路费	87		出差费			
6	二车间	运费附加	87					
7	财务部	独子费	100					
8	二车间	过桥过路费	62					
9	销售1部	出差费	74					
10	经理室	手机电话费	41					
11	二车间	邮寄费	21					
12	二车间	话费补	61					
13	人力资源部	资料费	86					
14	二车间	办公用品	77					
15	财务部	养老保险	20					
16	二车间	出租车费	47					
17								

图 6-30　每个科目的消费明细

如图6-31所示，我们知道COUNT函数是计数，IF函数是条件，两个合起来就是条件计数。

COUNT	+	IF	=	COUNTIF
计数		条件		条件计数

图6-31　COUNT跟IF函数合并图

统计科目划分的次数就可以用：

=COUNTIF(B:B,E2)

在F2单元格中输入公式，并填充公式到F5单元格。

如图6-32所示，再来看看这个函数的语法。

=COUNTIF(① 区域, ② 条件)

对区域中满足条件的值进行计数

图6-32　COUNTIF函数语法

木木：原来函数可以这么玩啊，长见识了！如图6-33所示，那按条件统计金额就可以用SUMIF函数。

SUM	+	IF	=	SUMIF
求和		条件		条件求和

图6-33　SUM跟IF合并图

卢子：木木好聪明啊，举一反三。

木木：不过我不懂SUMIF函数的用法，你给我讲讲吧。

卢子：如图6-34所示，SUMIF函数比COUNTIF函数多一个求和区域而已，其他都一样。很多人说函数难，那是因为找不到方法，如果方法懂了，函数真的很简单，学会一个，其他相关联的也就都会了。

=SUMIF(① 条件区域, ② 条件, ③ 求和区域)

对条件区域中满足条件的值进行求和

图6-34　SUMIF函数语法

木木：我来试试怎么写公式，你不要说。
条件区域是B:B；
条件是E2；
求和区域是C:C；
综合起来就是：
=SUMIF(B:B,E2,C:C)

卢子：还有一个常用的函数条件：求平均函数AVERAGEIF，但MAXIF与MINIF函数微软暂时不支持。

6.3.3　SUMIFS（COUNTIFS）函数对部门、科目进行多条件求和与计数

卢子：说完单条件，必须说多条件。如图6-35所示，对部门、科目两个条件，进行统计次数跟金额。

	A	B	C	D	E	F	G	H	I
1	部门	科目	金额		部门	科目	次数	金额	
2	一车间	办公用品	29		二车间	办公用品			
3	一车间	教育经费	80		二车间	教育经费			
4	二车间	过桥过路费	19		二车间	过桥过路费			
5	二车间	出差费	87		一车间	出差费			
6	二车间	办公用品	87						
7	一车间	教育经费	100						
8	二车间	过桥过路费	62						
9	二车间	出差费	74						
10	经理室	办公用品	41						
11	二车间	教育经费	21						
12	二车间	过桥过路费	61						
13	一车间	出差费	86						
14	一车间	办公用品	77						
15	财务部	养老保险	20						
16	二车间	出租车费	47						
17									

图 6-35　对部门跟科目多条件统计

木木：虽然我不懂，但我测试应该是用COUNTIF跟SUMIF函数再加点什么组成一个新函数完成。

卢子：猜得没错，英语中的复数很多都是直接在后面加"s"，表示多于一次，如sea-seas、girl-girls、day-days。

也就是说，多条件其实可以在后面加个"S"，如图6-36所示。

=COUNTIFS(① 条件区域1, ② 条件1,③条件区域2, ④ 条件2,……,⑤条件区域N, ⑥ 条件N)

对区域中满足多条件的值进行计数

图 6-36　COUNTIFS 函数语法

木木：原来语法跟COUNTIF函数一样，只是多几个条件区域跟条件，我会用了。

　　在G2单元格中输入公式，并下拉填充公式。

　　=COUNTIFS(A:A,E2,B:B,F2)

　　现在发觉我没那么怕公式了，一学就会，我好聪明啊！

卢子：是啊，好厉害啊。

　　如图6-37所示，我再跟你说下SUMIFS函数的语法。

　　SUMIFS函数与COUNTIFS函数有点像，条件区域与条件是一一对应的，只是在第一参数中写求和区域。

=SUMIFS(① 求和区域, ② 条件区域1,③条件1,④条件区域2, ⑤条件2,......,⑥条件区域N, ⑦条件N)

对区域中满足多条件的值进行求和

图 6-37　SUMIFS 函数语法

木木：那我也会用了。

在H2单元格中输入公式，并下拉填充公式。

=SUMIFS(C:C,A:A,E2,B:B,F2)

最终效果如图6-38所示。

卢子：如果所有人都像你这么聪明的话，那就好了。

	D	E	F	G	H	I
1		部门	科目	次数	金额	
2		二车间	办公用品	2	164	
3		二车间	教育经费	1	21	
4		二车间	过桥过路费	3	142	
5		一车间	出差费	1	86	
6						

图 6-38　最终效果图

6.3.4　SUMPRODUCT函数实现加权得分

卢子：如图6-39所示，年底自评，要对项目进行加权得分，你知道怎么做吗？

	A	B	C	D
1	项目	分数	占比	
2	A1	70	10%	
3	A2	60	30%	
4	A3	50	20%	
5	A4	83	10%	
6	A5	85	10%	
7	A6	90	15%	
8	A7	78	5%	
9	加权得分			
10				

图 6-39　对项目进行加权得分

木木：这个还不简单。

STEP 01 在D2单元格中输入公式，并下拉填充公式。

=B2*C2

STEP 02 在D9单元格中输入公式进行求和，如图6-40所示。

=SUM(D2:D8)

	A	B	C	D	E
1	项目	分数	占比		
2	A1	70	10%	7	=B2*C2
3	A2	60	30%	18	=B3*C3
4	A3	50	20%	10	=B4*C4
5	A4	83	10%	8.3	=B5*C5
6	A5	85	10%	8.5	=B6*C6
7	A6	90	15%	13.5	=B7*C7
8	A7	78	5%	3.9	=B8*C8
9	加权得分			69.2	=SUM(D2:D8)
10					

图 6-40　分步求和

卢子：这也是一种办法，但其实Excel内置的就有这个函数，可以不用借助辅助列完成。如图6-41所示，看下SUMPRODUCT函数的用法。

=SUMPRODUCT(① 区域1, ② 区域2,......,③条件区域N)

对区域对应的值相乘，并返回乘值的和。

图 6-41   SUMPRODUCT 函数语法

=SUMPRODUCT(B2:B8,C2:C8)

等同于：

=B2*C2+B3*C3+B4*C4+B5*C5+B6*C6+B7*C7+B8*C8

如图6-42所示，其实SUMPRODUCT函数同样是由两个函数组成，一个是SUM函数，另一个是PRODUCT函数。

SUM   +   PRODUCT   =   SUMPRODUCT

求和   乘积   乘积求和

图 6-42   SUM 跟 PRODUCT 合并图

PRODUCT函数就是乘积，比如要计算B2单元格与C2单元格的乘积，就用：

=PRODUCT(B2:C2)

木木：原来如此，Excel的函数都是玩组合的，有点意思。

6.3.5   TRIMMEAN函数去除最大值和最小值后求平均

卢子：如图6-43所示，我们经常会看到在比赛时，评委评分都会去除最大值和最小值，然后求平均数，这个你懂得怎样操作吗？

	A	B	C	D	E	F	G	H	I	J	K	L	M
1	选手	得分1	得分2	得分3	得分4	得分5	得分6	得分7	得分8	得分9	得分10	去掉最大和最小后的平均值	
2	A	6	10	4	4	10	9	9	5	3	1		
3	B	6	7	7	3	10	4	7	1	10			
4													

图 6-43   评委评分

木木：这个结合前面的知识点可以做出来，先用SUM函数求和，然后依次用MAX函数求最大值，用MIN函数求最小值，用总和减去最大值和最小值，最后除以8这个数就搞定了。

=(SUM(B2:K2)-MAX(B2:K2)-MIN(B2:K2))/8

卢子：木木真的越来越牛了，什么问题都难不倒你，常规函数用得越来越熟！

这里介绍一个不是很常用的函数TRIMMEAN，专门干这些去除异常值的事。

如图6-44所示为TRIMMEAN函数语法说明。

=TRIMMEAN(① 区域, ②极值比例)

去除最大小值求平均

图 6-44　TRIMMEAN 函数语法

简单说明一下极值比例，如果要去除最大值和最小值，就是去除20%，也就是0.2；如果要去除前2大前2小，就是0.4。

也就是说去掉最大值和最小值后的平均值为：

=TRIMMEAN(B2:K2,0.2)

木木：原来如此简单，我还笨笨地用了那么多函数！

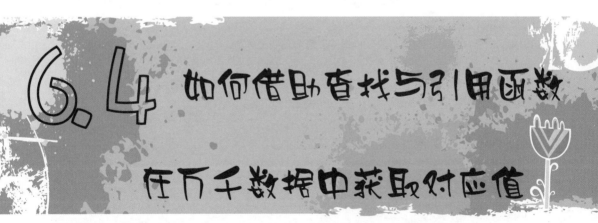

6.4 如何借助查找与引用函数

在万千数据中获取对应值

时不时我们可以看到这一幕：

某人坐在电脑前，熟练按着键盘，Ctrl+C、Ctrl+F、Ctrl+V。仔细观察的话，可以看见她原来是在根据某个项目在另外一个表中查找相应的对应值，复制、查找、粘贴，如此循环。

STOP！Excel中提供的VLOOKUP等一系列查找与引用函数，分分钟可帮你找到对应值，别做这些无用功了。

6.4.1 VLOOKUP函数根据姓名查找职业

卢子：如图6-45所示，这里有一份人员信息对应表，如何通过姓名，查找对应的职业？

	A	B	C	D	E	F	G	H	I
1	姓名	性别	公司名称	职业	学历		姓名	职业	
2	徐新凯	女	王山实业有限公司	行政	高中		王芳芳		
3	杨爱丽	女	东南实业	行政	初中		童艳		
4	王军	男	坦森行贸易	财务	小学		王军		
5	吴晓静	女	国顶有限公司	行政	大专		吴晓静		
6	周慧慧	女	通恒机械	品质	大专		周慧慧		
7	张银红	女	森通	品质	大专				
8	李峰	男	国皓	财务	大专				
9	陆国峰	男	迈多贸易	财务	初中				
10	吴国辉	男	祥通	财务	初中				
11	孔祥龙	男	广通	生产	高中				
12	顾青青	男	光明奶业	生产	大专				
13	徐洪奎	男	威航货运有限公司	财务	小学				
14	顾炳年	男	三捷实业	行政	大专				
15	朱美蓉	女	浩天旅行社	财务	大专				
16	金春梅	女	同恒	品质	小学				

图 6-45　人员信息对应表

木木：这个我想到了两种方法。

① 复制姓名，然后用查找功能，找到对应值，粘贴上去。

② 复制姓名，然后用筛选功能，筛选出对应值，粘贴上去。

卢子：现在的姓名只有5个，用不了2分钟就搞定，但如果是500个、5000个呢？

木木：那我就只有躲在墙角哭的份，这么多，加班加点的节奏。

卢子：这时就是VLOOKUP函数显神威的时刻，有这么一句话形容VLOOKUP函数：自从学了VLOOKUP函数，腿也不疼了，腰也不酸了，吃嘛嘛香，身体倍棒。

木木：疗效这么好，我也想学一学！

卢子：这个函数有点难，有4个参数，我先慢慢跟你说。

如图6-46所示为VLOOKUP函数语法。

=VLOOKUP(① 查找值, ②在哪个区域查找,③返回区域中第几列,④匹配方式（精确/模糊））

根据查找值返回对应值

图 6-46　VLOOKUP 函数语法

如图6-47所示，根据实例来说明会更加清楚。

木木：看到你这个图，多看两遍，发觉我都能看懂了。

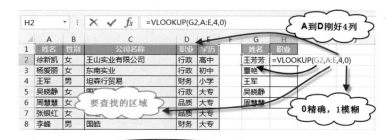

图 6-47 图解 VLOOKUP 函数

6.4.2 VLOOKUP函数根据姓名按顺序查找多列对应值

卢子：既然你都会了，那我就来考考你。如图6-48所示，如何根据姓名，依次返回性别、公司名称、职业、学历？

木木：这个难不倒我。

图 6-48 多条件查询

查找的值：G2

要查找的区域：A:E

匹配方式：0（精确查找）

唯一不同的是，返回区域的第几列，分别是2、3、4、5。

H2单元格的公式：

=VLOOKUP(G2,A:E,2,0)

I2单元格的公式：

=VLOOKUP(G2,A:E,3,0)

J2单元格的公式：

=VLOOKUP(G2,A:E,4,0)

K2单元格的公式：

=VLOOKUP(G2,A:E,5,0)

卢子：不错，这也是一种办法。因为VLOOKUP函数的其他三个参数都是固定的，只有一个变动的，这时也可以借助其他方法来完成。

要返回列号，其实可以借助COLUMN函数，这个函数非常简单，就只有一个参数。

如图6-49所示，在任意单元格中输入公式，然后右拉，就可以自动生成1～N。

=COLUMN(A1)

1	2	3	4	5
=COLUMN(A1)	=COLUMN(B1)	=COLUMN(C1)	=COLUMN(D1)	=COLUMN(E1)

图6-49　借助COLUMN函数生成序号

如果细心的话，可以看到一个问题，就是里面的参数A1，向右拖动公式的时候会变成B1、C1、D1、E1，也就是不固定下来。同理VLOOKUP函数的第一参数如果跟着一起向右拖动公式也会改变。

那怎么处理呢？

木木：这个好像用什么引用方式就可以？以前用过，现在不记得了。

卢子：如图6-50所示，输入公式后，不要急着按Enter键。选择G2单元格，然后按F4键，注意观察编辑栏的变化，这时自动添加了两美元符号（$）。

如图6-51所示，通过不断按F4键，会分别改变美元符号（$）的位置。

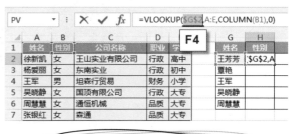

图6-50　F4键的使用方法

图6-51　多次按F4键的效果图

最终公式：

`=VLOOKUP($G2,$A:$E,COLUMN(B1),0)`

这个美元符号（$）有什么作用呢？如图6-52所示。

(1) 相对引用：就是行列都不给美元符号，这样公式复制到哪里，哪里就跟着变。

(2) 绝对引用：行列都给美元符号，不管怎么复制公式，就是不会变。

(3) 混合引用：只给行或者列美元符号，给行美元符号，行不变；给列美元符号，列不变。

	A	B	C	D	E	F	G	H
1	1	2	3	=A1	1	2	3	
2	4	5	6		4	5	6	
3	7	8	9		7	8	9	
4								
5				=$A$1	1	1	1	
6					1	1	1	
7					1	1	1	
8								
9				=$A1	1	1	1	
10					4	4	4	
11					7	7	7	
12								
13				=A$1	1	2	3	
14					1	2	3	
15					1	2	3	

图 6-52 美元符号的作用

木木：原来Excel也爱钱，中国人就用人民币，美国就用美元，给点美元就能收买美国人开发的Excel，塞点美元，Excel全听你指挥。

6.4.3 VLOOKUP函数根据公司简称获取电话

卢子：如图6-53所示，很多时候，人们输入公司名称时都不一定按全名输入，只是输入简称而已，如威航货运有限公司，就输入威航货运，现在要如何根据简称获取电话呢？

木木：原来都是这么懒，以为只有我一个人这么做。前面说过，如果VLOOKUP函数第四参数设置为"1"就是模糊查找，应该是利用这个特点来完成的。

	A	B	C	D	E	F
1	公司名称	电话		公司简称	电话	
2	王山实业有限公司	30074321		威航货运		
3	东南实业	35554729		国顶		
4	坦森行贸易	5553932		森通		
5	国顶有限公司	45557788		国皓		
6	通恒机械	9123465		三捷		
7	森通	30058460				
8	国皓	88601531				
9	迈多贸易	85552282				
10	祥通	91244540				
11	广通	95554729				
12	光明奶业	45551212				
13	威航货运有限公司	11355555				
14	三捷实业	15553392				
15	浩天旅行社	30076545				
16	同恒	35557647				

图 6-53　根据公司简称获取电话

如图6-54所示，在E2单元格中输入公式，并向下填充公式。

=VLOOKUP(D2,A:B,2,1)

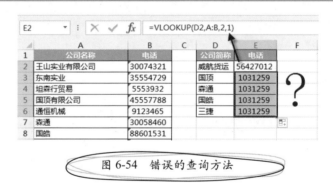

图 6-54　错误的查询方法

怎么回事呢？怎么结果会这样子呢？

卢子：VLOOKUP函数的模糊匹配不是这么用的，而是运用在其他场合，等下再跟你说。这里涉及一个新知识点，就是通配符的使用。

在Excel中有两种通配符，分别是星号（*）和问号（?）。

星号（*）代表所有字符。

问号（?）代表一个字符。

我举个例子说明下，我的全名是3个字符，卢是最后一个字，这时可以这么表示：??卢。

如果我现在没有给你提示是多少个字符，也就是，有可能是2个、3个、4个，这时就得用"*卢"。

因为是让你猜全名，所以前面的字符都是不确定的，也就会用到通配符。

木木：貌似懂了一点，你再说说这个具体如何使用？

卢子：回到实际例子，"威航货运"就是要查找威航货运有限公司的对应电话，就得用"威航货运*"。

也就是说查找第一个可以用：

=VLOOKUP("威航货运* ",A:B,2,0)

但总不能每个都改一下吧，这时就得利用一个文本连接符"&"将单元格与星号（*）连接起来。这个就像月老一样，给男女牵线，最后结合在一起！

= " 男 "& "女 " = " 男女 "

综合起来就是：

=VLOOKUP(D2& " * " ,A:B,2,0)

木木：这样子啊，懂了。

6.4.4　VLOOKUP函数模糊匹配获取等级

卢子：现在来跟你说VLOOKUP函数的模糊匹配是怎么使用的。

如图6-55所示，这个一般用在区间的查找上，比如根据"区间"查找等级。

	A	B	C	D	E	F	G	H
1	下限	区间	等级		姓名	成绩	等级	
2	1	1-59	差		张三	99		
3	60	60-69	中		王小二	60		
4	70	70-85	良		郑准	86		
5	86	86-100	优		张大民	77		
6					李节	43		
7					阮大	56		
8					孔庙	90		
9					张三	45		
10					吴柳	77		
11					田七	65		
12					刘戬	95		
13					王启	77		
14								

图 6-55　根据"区间"查找等级

在G2单元格中输入公式，并下拉填充公式。

=VLOOKUP(F2,A:C,3,1)

木木：哦，现在我懂了。

6.5 如何借助文本函数进行字符拆分与合并

《三国演义》第一回："话说天下大势，分久必合，合久必分。周末七国分争，并入于秦。及秦灭之后，楚、汉分争，又并入于汉。汉朝自高祖斩白蛇而起义，一统天下，后来光武中兴，传至献帝，遂分为三国。"

其实Excel也经常干这种分分合合的事儿。

6.5.1 LEFT、MID、RIGHT函数提取部分字符

卢子：如图6-56所示，国有国法，群有群规，有很多群进去都要重新更改备注名字，比如我自己：G-海珠-卢子，性别-地名-网名这样的形式。现在要如何将这些人员分成3列显示，分别获取性别、地名、网名？

	A	B	C	D	E
1	人员	性别	地名	网名	
2	G-佛山-浮云				
3	M-越秀-灼子				
4	G-白云-仁杰				
5	M-天河-六月				
6	G-海珠-卢子				
7					

图6-56　获取性别、地名、网名

木木：这样写备注挺好的，一眼就知道你在哪里工作，是帅哥还是美女。如图6-57所示，如果让我来做这个，直接用分列分割符号，选中

"其他"复选框，输入"-"即可。

文本分列向导 - 第2步，共3步

请设置分列数据所包含的分隔符号。在预览窗口内可看到分列的效果。

分隔符号
- ☑ Tab 键(T)
- ☐ 分号(M)　　　　☐ 连续分隔符号视为单个处理(R)
- ☐ 逗号(C)　　　　文本识别符号(Q)："　▼
- ☐ 空格(S)
- ☑ 其他(O)： -

数据预览(P)

G	佛山	浮云
M	越秀	灼子
G	白云	仁杰
M	天河	六月
G	海珠	卢子

取消　　< 上一步(B)　　下一步(N) >　　完成(F)

图 6-57　分列

卢子：这个方式确实是最方便的，但是有一个缺点，就是当数据源更新时，不会自动更新，得重新分列才可以，而这一点函数却可以智能办到。

性别就是左边1位，提取左边的函数用LEFT，如图6-58所示为函数语法。

=LEFT(① 字符串, ② 提取N位)

从左边提取N位

图 6-58　LEFT 函数语法

在B2单元格中输入公式，并下拉填充公式。

=LEFT(A2,1)

默认情况下，第二参数省略就是提取1位，也可以这样写公式：

=LEFT(A2)

再看网名，这个是从右边提取，跟LEFT函数相反的就是RIGHT函数，如图6-59所示，其语法与LEFT函数一样。

=RIGHT(① 字符串, ② 提取N位)

从右边提取N位

图 6-59　RIGHT 函数语法

木木：这样啊，那这个我来做。

在D2单元格中输入公式，并下拉填充公式。

=RIGHT(A2,2)

卢子：不错，就是这样。再说提取地名，也就是提取中间的文本。如图6-60所示的语法，

用MID函数。

=MID(① 字符串, ② 开始位置, ③ 提取N位)

从中间提取N位

图 6-60　MID 函数语法

这个函数的差别在于多一个参数：开始位置，也就是从哪一位开始提取的。地名都是从第3位开始，提取2位，合起来就是：

在C2单元格中输入公式，并下拉填充公式。

=MID(A2,3,2)

如图6-61所示，现在将"G-海珠-卢子"改成"G-潮州-卢子"，效果立马更新，这是技巧不能做不到的。

	A	B	C	D	E
1	人员	性别	地名	网名	
2	G-佛山-浮云	G	佛山	浮云	
3	M-越秀-灼子	M	越秀	灼子	
4	G-白云-仁杰	G	白云	仁杰	
5	M-天河-六月	M	天河	六月	
6	G-潮州-卢子	G	潮州	卢子	
7					

图 6-61　自动更新结果

木木：看来这几个函数还是有点用途的。

6.5.2　FIND函数辅助提取部分字符

卢子：人员信息的规律性非常强，一眼就看得出来。但现实中很多人都是不统一的，就如我的理财群一样，格式是"网名+职业"。网名字符数不确定，有多有少，职业字符

数也不确定，如图6-62所示，在这种情况下又如何提取呢？

	A	B	C	D
1	人员	网名	职业	
2	阿志-学生			
3	辉-自由			
4	今朝-财务			
5	阿城-酒店			
6	管理员-工程师			
7				

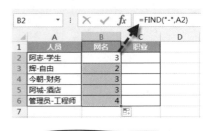

图 6-62　提取网名与职业

木木：这么高难度的我不会。

卢子：虽然网名的字符数不确定，但其实还是有规律的，就是在网名后面都有分隔符号“-”，也就是提取“-”前面1位就行。现在的难点是如何确认这个“-”的位置？

查找文本在字符串中的位置有一个专门的函数FIND，语法如图6-63所示。

=FIND(① 要查找的文本, ② 包含要查找文本的文本)

查找文本在字符串中的位置

图 6-63　FIND 函数语法

=FIND("- ",A2)

如图6-64所示，这样就可以轻松获取“-”的位置。

网名的字符数就是：

=FIND("- ",A2)-1

提取左边的字符用LEFT函数，合起来就是：

=LEFT(A2,FIND("- " ,A2)-1)

B2　=FIND("-",A2)

	A	B	C	D
1	人员	网名	职业	
2	阿志-学生	3		
3	辉-自由	2		
4	今朝-财务	3		
5	阿城-酒店	3		
6	管理员-工程师	4		
7				

图 6-64　获取“-”的位置

职业的起始位置是“-”的位置+1位，也就是：

=FIND("-" ,A2)+1

虽然职业的长度并不确定，但是职业在最后面，只要提取的字符数大于职位的总长度就可以提取到，也就是说，可以将提取的长度写为4。

综合起来就是：

=MID(A2,FIND("- " ,A2)+1,4)

木木：怎么感觉在考数学题一样，有点晕晕的。

卢子：确实，不过还好这些都是简单的四则运算。如果不懂的话，可以先自己数一数，多数几次就懂了。

6.5.3 使用“&”将内容合并起来

卢子：如图6-65所示，有分就有合，现在如何将拆分的网名与职业合并起来呢？

	A	B	C	D
1	网名	职业	人员	
2	阿志	学生		
3	辉	自由		
4	今朝	财务		
5	阿城	酒店		
6	管理员	工程师		
7				

图 6-65　合并网名与职业

木木：还真折腾，一会儿分，一会儿合。

卢子：学Excel就得折腾，才能学好。每次折腾
一下，都可以学到新的技能。如图6-66所
示，这里就要用到一个连字符"&"，语
法很简单。

=文本1&文本2&……&文本n

将文本组合起来

图6-66　"&"函数语法

这样就可以将内容合并起来。

=A2&B2

如果中间想加"-"，就可以用：

=A2&"-"&B2

"&"类似于月老，专门给人牵红
线。要想将两个人合在一起，就用红绳绑
住对方。

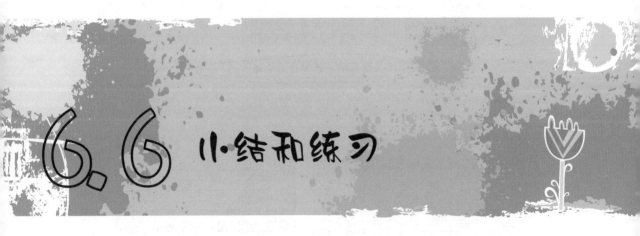

6.6 小结和练习

6.6.1　小结

函数与公式是Excel的精髓，可以通过函数与公式做很多你意想不到的数据处理操作，如
对数据进行查询、汇总、拆分、合并等，学好了就会更进一个级别。

6.6.2 练习

1. 如图6-67所示，这是一份产品销售明细表，现在要根据右边的价格对应表，获取单价与金额。只要输入商品就自动显示单价，输入数量，就自动统计金额，部分结果如F、G两列所示。

	A	B	C	D	E	F	G	H	I	J	K
1	日期	地区	销售部门	商品	数量	单价	金额		价格对应表		
2	2012-10-8	深圳	一部	订书机	95	20	1900		商品	单价	
3	2012-10-25	广州	二部	钢笔	50	30	1500		笔记本	15	
4	2012-11-11	广州	三部	钢笔	36	30	1080		订书机	20	
5	2012-11-28	广州	二部	笔记本	27	15	405		钢笔	30	
6	2012-12-15	佛山	一部	订书机	56				铅笔	10	
7	2013-1-1	深圳	四部	铅笔	60						
8	2013-1-18	广州	一部	订书机	75						
9	2013-2-4	广州	三部	钢笔	90						
10	2013-2-21	佛山	二部	钢笔	32						
11	2013-3-10	深圳	三部	笔记本	60						
12	2013-3-27	广州	四部	订书机	90						
13	2013-4-13	深圳	一部	铅笔	29						
14	2013-4-30	香港	三部	订书机	81						
15	2013-5-17	深圳	二部	钢笔	35						

图 6-67 求单价与金额

2. 如图6-68所示，单价与金额出来后，就进行相应的汇总，在汇总表黄色区域输入公式，汇总每个地区销售部门的金额。

	A	B	C	D	E	F	G	H	L	M	N	O	P	Q	R
1	日期	地区	销售部门	商品	数量	单价	金额		汇总表						
2	2012-10-8	深圳	一部	订书机	95	20	1900		地区	二部	三部	四部	一部	总计	
3	2012-10-25	广州	二部	钢笔	50	30	1500		佛山	1020	0	2490	2830	6340	
4	2012-11-11	广州	三部	钢笔	36	30	1080		广州	3945	6890	5410	7615	23860	
5	2012-11-28	广州	二部	笔记本	27	15	405		深圳	2790	2160	600	2510	8060	
6	2012-12-15	佛山	一部	订书机	56	20	1120		香港	0	1620	0	1110	2730	
7	2013-1-1	深圳	四部	铅笔	60	10	600		总计	7755	10670	8500	14065	40990	
8	2013-1-18	广州	一部	订书机	75	20	1500								
9	2013-2-4	广州	三部	钢笔	90	30	2700								
10	2013-2-21	佛山	二部	钢笔	32	30	960								
11	2013-3-10	深圳	三部	笔记本	60	15	900								
12	2013-3-27	广州	四部	订书机	90	20	1800								
13	2013-4-13	深圳	一部	铅笔	29	10	290								
14	2013-4-30	香港	三部	订书机	81	20	1620								
15	2013-5-17	深圳	二部	钢笔	35	30	1050								

图 6-68 汇总每个地区销售部门的金额

Office
Excel效率手册

07
数据分析

数据处理完接下来就是对数据进行分析，数据分析是非常重要的一个环节，技术含量比较高。不仅仅考验你对Excel的掌握能力，还考验你本身的分析水平。

如何借助排序与筛选进行简单的数据分析

数据录入仅仅是最初级层次的，我们还需要对数据进行处理分析，挖掘出数据存在的含义，为领导的决策提供强有力的数据分析。

7.1.1 对工资进行降序排序

卢子：如图7-1所示，这是一份最原始的工资录入表格，没有做任何处理，粗看没问题，但实际上很乱。比如工资没有进行排序，这样看过去都不知道谁最高，谁最少？木木，你来对工资进行降序排序。

木木：排序这个很简单。

如图7-2所示，选择D列，单击"数据"选项卡中的"降序"按钮，弹出"排序提醒"对话框，保持默认设置不变，单击"排序"按钮。

	A	B	C	D	E
1	部门	姓名	性别	工资	
2	生产	杨林蓉	男	2300	
3	生产	刘新民	男	2300	
4	生产	张国荣	女	2500	
5	生产	葛民福	男	5100	
6	包装	杨兆红	女	1700	
7	包装	左建华	女	7300	
8	包装	李志红	男	2300	
9	包装	姚荣国	男	1900	
10	包装	郝晓花	女	3400	
11	包装	陈爱文	女	3800	
12	生产	郭玉英	女	3700	
13	生产	田玉清	男	3300	
14	生产	王俊贤	女	1000	
15	生产	尚玲芝	女	1400	
16	包装	祁友平	女	4900	

图 7-1 原始的工资录入表

图 7-2　降序排序

如图7-3所示，这操作起来太顺畅了，分分钟搞定。

卢子：如图7-4所示，经过降序以后，看起来就非常清晰，如果要看最低工资，单击单元
　　　格D1，借助快捷键Ctrl+↓　能快速返回最后一个单元格的值，也就是最低工资。

	A	B	C	D	E
1	部门	姓名	性别	工资	
2	销售	徐喜荣	女	7900	
3	包装	左建华	女	7300	
4	销售	刘新萍	女	6800	
5	销售	苏健珍	女	6200	
6	销售	程巧荣	女	6100	
7	包装	纪学兰	女	6000	
8	包装	杨秀平	女	5400	
9	生产	葛民福	男	5100	
10	销售	苗晓凤	女	5000	
11	包装	祁友平	女	4900	
12	销售	何义	男	4800	
13	销售	陈国利	男	4400	
14	销售	梁建栋	男	4000	
15	销售	原玉婵	女	4000	
16	销售	贺丽芳	女	3900	

图 7-3　排序后效果

	A	B	C	D	
30	包装	杨兆红	女	1700	
31	生产	尚玲芝	女	1400	
32	包装	史阳阳	女	1400	
33	包装	李贵然	男	1400	
34	生产	王俊贤	女	1000	
35					

图 7-4　最低工资

7.1.2 对部门和工资两个条件进行降序排序

卢子：有这么一句话：乞丐不会去妒忌百万富翁，但他会妒忌比他讨钱更多的乞丐！

对全公司的工资进行排序后，接下来就得对每个部门的人员内部工资进行排序，同一部门的工资比较价值会更大。

木木：我就不会妒忌你，因为我们不是同一个级别的。

因为事先已经对工资进行降序排序，现在只需再选择部门，进行降序排序即可。

如图7-5所示，选择A列，切换到"数据"选项卡，单击"降序"按钮，弹出"排序提醒"对话框，保持默认不变，单击"排序"按钮。

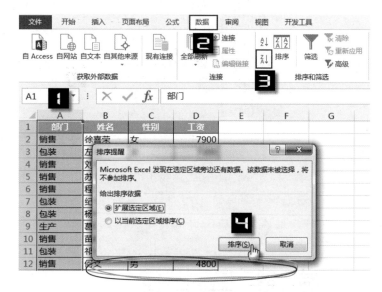

图7-5　降序排序

卢子：对于多条件排序，我一般采用其他的办法。

STEP 01 如图7-6所示，单击单元格A1，切换到"数据"选项卡，单击"排序"按钮。

图7-6　排序

STEP 02 如图7-7所示，弹出"排序"对话框，在"主要关键字"下拉列表框中选择"部门"选项，在"次序"下拉列表框中选择"降序"选项。这样就是对部门进行降序排序。

图 7-7 对部门降序排序

STEP 03 如图7-8所示，因为还有一个排序条件是工资，这时可以单击"添加条件"按钮，就出现了一个"次要关键字"下拉列表框，在该下拉列表框中选择"工资"选项，在"次序"下拉列表框中选择"降序"选项，单击"确定"按钮。

图 7-8 对工资降序排序

经过以上三步效果就出来了，如图7-9所示。用这种方法的好处是，如果排序的条件有很多个时，可以一直添加条件，不用多次按降序或者升序排序。

木木：如果有多个条件排序，这种方法也不错。

▲	A	B	C	D	E
1	部门	姓名	性别	工资	
2	销售	徐喜荣	女	7900	
3	销售	刘新萍	女	6800	
4	销售	苏健珍	女	6200	
5	销售	程巧荣	女	6100	
6	销售	苗晓凤	女	5000	
7	销售	何义	男	4800	
8	销售	梁建栋	男	4000	
9	销售	原玉婵	女	4000	
10	销售	贺丽芳	女	3900	
11	销售	段反云	女	3400	
12	销售	智润梅	女	2700	
13	生产	葛民福	男	5100	
14	生产	郭玉英	女	3700	
15	生产	田玉清	男	3300	
16	生产	张国荣	女	2500	

图 7-9 排序后的效果

7.1.3 借助排序生成工资条

卢子：如图7-10所示，现在要根据这份工资表生成工资条，如果是你，会怎么操作？

木木：复制表头，插入表头，再复制表头，再插入表头，如此循环直到搞定。

卢子：在你感觉烦琐的时候，就停下来思考，兴许就能找到快捷的办法。其实排序也可以很强大，只需借助小小的辅助列就能达到这个效果。

STEP 01 如图7-11所示，在E2单元格中输入1并双击单元格，单击"自动填充选项"按钮，在弹出的下拉菜单中选择"填充序列"命令。

	A	B	C	D	E
1	部门	姓名	性别	工资	
2	销售	徐喜荣	女	7900	
3	部门	姓名	性别	工资	
4	销售	刘新萍	女	6800	
5	部门	姓名	性别	工资	
6	销售	苏健珍	女	6200	

图 7-10　工资条

	A	B	C	D	E
1	部门	姓名	性别	工资	
2	销售	徐喜荣	女	7900	1
3	销售	刘新萍	女	6800	2
4	销售	苏健珍	女	6200	3
5	销售	程巧荣	女	6100	4
6	销售	苗晓凤	女	5000	5
7	销售	何义	男	4800	6
8	销售	梁建栋	男	4000	7
9	销售	原玉婵	女	4000	8
10	销售	贺丽芳	女	3900	9
11	销售	段反云	女	3400	10
12	销售	智润梅	女	2700	11
13	生产	葛民福	男	5100	12
14	生产	郭玉英	女	3700	13
15	生产	田玉清	男	3300	14
16	生产	张国荣	女	2500	15
17	生产	杨林蓉	男	2300	16
18	生产	刘新民	男	2300	17
19	生产	尚玲芝	女	1400	18
20	生产	王俊贤	女	1000	19
21	包装	左建华	女	7300	20

- ○ 复制单元格(C)
- ⊙ 填充序列(S)
- ○ 仅填充格式(F)
- ○ 不带格式填充(O)
- ○ 快速填充(F)

图 7-11　填充序列

STEP 02 如图7-12所示，复制生成的序号，单击单元格E35，把序号粘贴上去。

	A	B	C	D	E	F
31	包装	姚荣国	男	1900	30	
32	包装	杨兆红	女	1700	31	
33	包装	史阳阳	女	1400	32	
34	包装	李贵然	男	1400	33	
35					1	
36					2	
37					3	
38					4	
39					5	
40					6	

图 7-12　粘贴序号

STEP 03 如图7-13所示，再将表头复制到工资表下面的区域。

STEP 04 如图7-14所示，选择E列，切换到"数据"选项卡，单击"升序"按钮，弹出"排序提醒"对话框，保持默认设置不变，单击"排序"按钮。

32	包装	杨兆红	女	1700	31
33	包装	史阳阳	女	1400	32
34	包装	李贵然	男	1400	33
35	部门	姓名	性别	工资	1
36	部门	姓名	性别	工资	2
37	部门	姓名	性别	工资	3
38	部门	姓名	性别	工资	4
39	部门	姓名	性别	工资	5
40	部门	姓名	性别	工资	6
41	部门	姓名	性别	工资	7
42	部门	姓名	性别	工资	8
43	部门	姓名	性别	工资	9
44	部门	姓名	性别	工资	10
45	部门	姓名	性别	工资	11
46	部门	姓名	性别	工资	12

图 7-13　复制表头

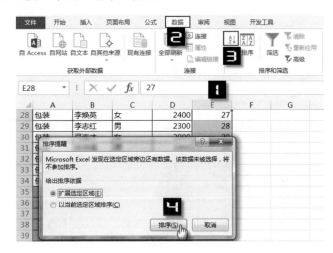

图 7-14　升序排序

如图7-15所示，工资条制作完成。

	A	B	C	D	E	F
31	部门	姓名	性别	工资	15	
32	生产	杨林蓉	男	2300	16	
33	部门	姓名	性别	工资	16	
34	生产	刘新民	男	2300	17	
35	部门	姓名	性别	工资	17	
36	生产	尚玲芝	女	1400	18	
37	部门	姓名	性别	工资	18	
38	生产	王俊贤	女	1000	19	
39	部门	姓名	性别	工资	19	
40	包装	左建华	女	7300	20	
41	部门	姓名	性别	工资	20	
42	包装	纪学兰	女	6000	21	
43	部门	姓名	性别	工资	21	
44	包装	杨秀平	女	5400	22	
45	部门	姓名	性别	工资	22	
46	包装	祁友平	女	4900	23	

图 7-15　工资条制作完成

木木：这个方法不错，挺简单的。

卢子：有人说过，这是世上最牛的工资条制作方法。

7.1.4 将包装部的人员信息筛选出来

卢子：如图7-16所示，现在各部门的人员信息都在一起，如果我只是想得到包装部的人员信息，你懂得如何做吗？

木木：这个难不倒我。

STEP 01 如图7-17所示，单击单元格A1，切换到“数据”卡，单击“筛选”按钮。

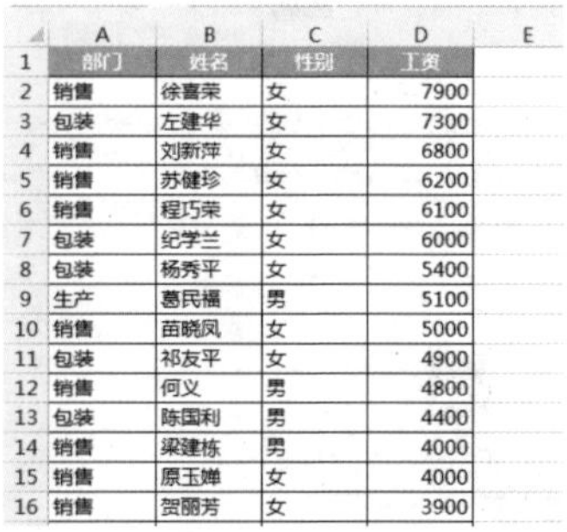

	A	B	C	D
1	部门	姓名	性别	工资
2	销售	徐喜荣	女	7900
3	包装	左建华	女	7300
4	销售	刘新萍	女	6800
5	销售	苏健珍	女	6200
6	销售	程巧荣	女	6100
7	包装	纪学兰	女	6000
8	包装	杨秀平	女	5400
9	生产	葛民福	男	5100
10	销售	苗晓凤	女	5000
11	包装	祁友平	女	4900
12	销售	何义	男	4800
13	包装	陈国利	男	4400
14	销售	梁建栋	男	4000
15	销售	原玉婵	女	4000
16	销售	贺丽芳	女	3900

图 7-16 各部门的人员信息表

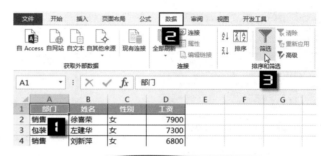

图 7-17 筛选

STEP 02 如图7-18所示，单击“部门”的筛选按钮，取消选中“生产”与“销售”复选框，单击“确定”按钮。

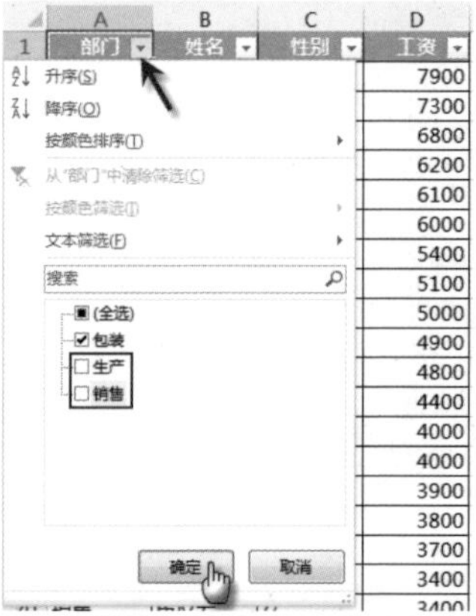

图 7-18 取消“生产”与“销售”筛选

如图7-19所示，经过两个简单的步骤就搞定。

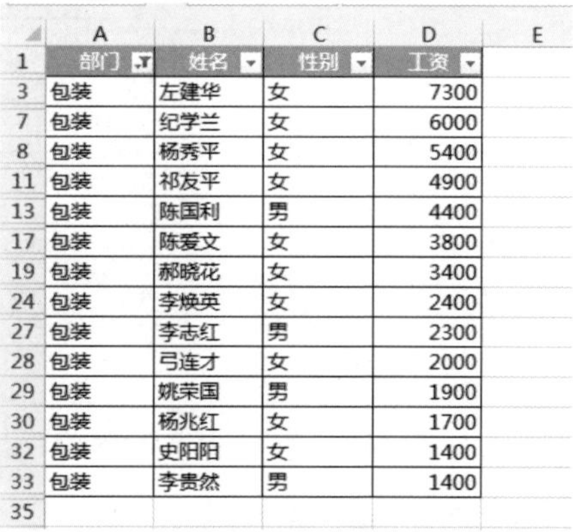

	A	B	C	D
1	部门	姓名	性别	工资
3	包装	左建华	女	7300
7	包装	纪学兰	女	6000
8	包装	杨秀平	女	5400
11	包装	祁友平	女	4900
13	包装	陈国利	男	4400
17	包装	陈爱文	女	3800
19	包装	郝晓花	女	3400
24	包装	李焕英	女	2400
27	包装	李志红	男	2300
28	包装	弓连才	女	2000
29	包装	姚荣国	男	1900
30	包装	杨兆红	女	1700
32	包装	史阳阳	女	1400
33	包装	李贵然	男	1400
35				

图 7-19 筛选后的效果

卢子：很好，经过筛选后，我们就只能看到需要的信息。

7.1.5　将工资前5名的人员信息筛选出来

卢子：如图7-20所示，上一节讲的是最基础的筛选的用法，本小节讲筛选的其他用法。现在要从工资明细表中筛选出工资前5名的人员信息。

STEP 01　如图7-21所示，单击"工资"的筛选按钮，选择"数字筛选"→"前10项"命令。

⊿	A	B	C	D	E
1	部门	姓名	性别	工资	
2	包装	左建华	女	7300	
3	包装	纪学兰	女	6000	
4	包装	杨秀平	女	5400	
5	包装	祁友平	女	4900	
6	包装	陈国利	男	4400	
7	包装	陈爱文	女	3800	
8	包装	郝晓花	女	3400	
9	包装	李焕英	女	2400	
10	包装	李志红	男	2300	
11	包装	弓连才	女	2000	
12	包装	姚荣国	男	1900	
13	包装	杨兆红	女	1700	
14	包装	史阳阳	女	1400	
15	包装	李贵然	男	1400	
16	生产	葛民福	男	5100	

图 7-20　人员信息表

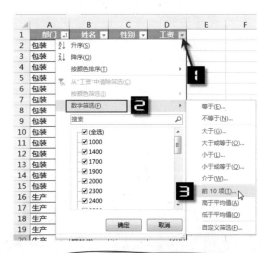

图 7-21　前 10 项

STEP 02　如图7-22所示，弹出"自动筛选前10个"对话框，将10改成5，单击"确定"按钮。

如图7-23所示，将工资最高的5个人信息筛选出来。

图 7-22　最大 5 项

⊿	A	B	C	D	E
1	部门	姓名	性别	工资	
2	包装	左建华	女	7300	
24	销售	徐喜荣	女	7900	
25	销售	刘新萍	女	6800	
26	销售	苏健珍	女	6200	
27	销售	程巧荣	女	6100	
35					

图 7-23　筛选后的结果

木木：又学到一项技能。

7.1.6 高级筛选提取不重复部门

卢子：如图7-24所示，是人员信息表。前面说到的都是常规的筛选，现在讲高级筛选，提取不重复的部门。

如图7-25所示，切换到"数据"选项卡，单击"高级"按钮，弹出"高级筛选"对话框，方式选择"将筛选结果复制到其他位置"，设置列表区域为：$A$1:$A$34，复制到$F$1，选中"选择不重复的记录"复选框，单击"确定"按钮。

如图7-26所示，这样就能获取不重复的部门名称。

	A	B	C	D	E
1	部门	姓名	性别	工资	
2	包装	左建华	女	7300	
3	包装	纪学兰	女	6000	
4	包装	杨秀平	女	5400	
5	包装	祁友平	女	4900	
6	包装	陈国利	男	4400	
7	包装	陈爱文	女	3800	
8	包装	郝晓花	女	3400	
9	包装	李焕英	女	2400	
10	包装	李志红	男	2300	
11	包装	弓连才	女	2000	
12	包装	姚荣国	男	1900	
13	包装	杨兆红	女	1700	
14	包装	史阳阳	女	1400	
15	包装	李贵然	男	1400	
16	生产	葛民福	男	5100	
17	生产	郭玉英	女	3700	

图7-24 人员信息表

图 7-25 高级筛选提取不重复

	A	B	C	D	E	F
1	部门	姓名	性别	工资		部门
2	包装	左建华	女	7300		包装
3	包装	纪学兰	女	6000		生产
4	包装	杨秀平	女	5400		销售
5	包装	祁友平	女	4900		
6	包装	陈国利	男	4400		
7	包装	陈爱文	女	3800		
8	包装	郝晓花	女	3400		
9	包装	李焕英	女	2400		
10	包装	李志红	男	2300		
11	包装	弓连才	女	2000		
12	包装	姚荣国	男	1900		
13	包装	杨兆红	女	1700		
14	包装	史阳阳	女	1400		
15	包装	李贵然	男	1400		
16	生产	葛民福	男	5100		
17	生产	郭玉英	女	3700		

图 7-26 不重复的部门名称

木木：原来还有一个高级筛选，长见识了。

7.2 什么是数据透视表

什么是Excel中最牛的功能？有人说函数与公式，有人说VBA，但我要告诉你，都不是。最牛的功能是数据透视表！

7.2.1 多变的要求

卢子：木木，跟你说一件我经历过的事儿。事情是这样的，某一天领导像疯了一样，不断地向我提要求，让我统计各种数据。

如图7-27所示，统计每个地区的销售金额。

如图7-28所示，统计每个地区各个销售部门的销售金额。

地区 ▼	金额
澳门	3901
佛山	237377
广州	1067076
深圳	572554
香港	3284
总计	1884192

图 7-27　统计每个地区的销售金额

求和项:金额	销售部门 ▼				
地区 ▼	一部	二部	三部	四部	总计
澳门	1428	1715	309	449	3901
佛山	124237	85344		27796	237377
广州	260543	571388	115296	119849	1067076
深圳	162337	91409	290104	28704	572554
香港	1439		1619	226	3284
总计	549984	749856	407328	177024	1884192

图 7-28　统计每个地区各个销售部门的销售金额

如图7-29所示，统计每一年的销售金额。

年 ▼	金额
2012年	199296
2013年	893856
2014年	791040
总计	1884192

图 7-29　统计每一年的销售金额

如图7-30所示，统计每一年每一个月的销售金额。

如图7-31所示，统计商品的销售数量。

金额	年 ▾		
月份 ▾	2012年	2013年	2014年	总计
1月		43008	58560	101568
2月		49248	6528	55776
3月		94848	129024	223872
4月		160992	95616	256608
5月		16800	175776	192576
6月		48576	15360	63936
7月		79392	109344	188736
8月		74784	7008	81792
9月		121824	193824	315648
10月	114144	39744		153888
11月	69120	127200		196320
12月	16032	37440		53472
总计	199296	893856	791040	1884192

图 7-30　统计每一年每一个月的销售金额

商品 ▾	数量
笔记本	44064
订书机	59520
钢笔	65760
铅笔	34272
总计	203616

图 7-31　统计商品的销售数量

领导不断地改变需求，如果你也像我一样，你会怎么样呢？

木木：还能怎么样，自认倒霉，加班加点完成领导交给我的任务。

卢子：如果是N年以前，我估计也会像你这样，不过自从学习了数据透视表以后，这种事分分钟就能完成。

木木：我书读得少，你可别骗我哦！

7.2.2 数据透视表登场

卢子：先跟你说N年前一段不堪回首的经历。

领导要查看每个地区的销售金额。

STEP 01 如图7-32所示，复制B列的地区到J列。

⊿	A	B	C	D	E	F	G	H	I	J	K
1	日期	地区	销售部门	销售员代码	商品	数量	单价	金额		地区	📋 (Ctrl) ▾
2	2012-10-8	深圳	一部	A00001	订书机	95	1.99	189		深圳	
3	2012-10-25	广州	二部	A00002	钢笔	50	19.99	1000		广州	
4	2012-11-11	广州	三部	A00003	钢笔	36	4.99	180		广州	
5	2012-11-28	广州	二部	A00004	笔记本	27	19.99	540		广州	
6	2012-12-15	佛山	一部	A00005	订书机	56	2.99	167		佛山	
7	2013-1-1	深圳	四部	A00006	铅笔	60	4.99	299		深圳	

图 7-32　复制地区

STEP 02　如图7-33所示，切换到"数据"选项卡，单击"删除重复项"按钮，弹出"删除重复项"对话框，保持默认设置不变，单击"确定"按钮。

图 7-33　删除重复项

STEP 03　如图7-34所示，在弹出的提示对话框中直接单击"确定"按钮，就获取了唯一的地区。

图 7-34　重复项提示对话框

STEP 04　在K2输入公式，并双击填充公式。

=SUMIF(B:B,J2,H:H)

现在领导改变主意，要统计每个地区各个销售部门的销售金额。

STEP 01　如图7-35所示，重复刚刚的操作，复制粘贴，删除重复项，并重新布局。

STEP 02　在K2单元格中输入公式，并向右复制到N2单元格，再选择K2:N2区域向下复制公式。

=SUMIFS($H:$H,$B:$B,$J2,$C:C,K1)

STEP 03　如图7-36所示，选择区域K2:07，按Alt+=组合键即自动计算总计。

	地区	一部	二部	三部	四部	总计
深圳						
广州						
佛山						
香港						
澳门						
总计						

图 7-35　布局

K2　fx　=SUMIFS($H:$H,$B:$B,$J2,$C:C,K1)

	地区	一部	二部	三部	四部	总计
深圳	162337	91409	290104	28704	
广州	260543	571388	115296	119849	
佛山	124237	85344	0	27796	
香港	1439	0	1619	226	
澳门	1428	1715	309	449	
总计					

Alt+=

图 7-36　使用组合键

如图7-37所示，这个组合键就相当于用SUM函数求和，单击O2就可以看到公式。

O2　fx　=SUM(K2:N2)

	地区	一部	二部	三部	四部	总计
深圳	162337	91409	290104	28704	572554
广州	260543	571388	115296	119849	1067076
佛山	124237	85344	0	27796	237377
香港	1439	0	1619	226	3284
澳门	1428	1715	309	449	3901
总计	549984	749856	407328	177024	1884192

图 7-37　求和后效果

每一次的要求都要折腾好久。

木木：像我这种对公式不熟练的人，那不更惨？我现在很好奇你当初是如何用数据透视表搞定的？

卢子：用数据透视表来完成这种事再适合不过了，轻轻松松，拖拉几下全搞定。

STEP 01　如图7-38所示，单击单元格A1，切换到"插入"选项卡，单击"数据透视表"按钮，弹出"创建数据透视表"对话框，这时数据透视表会自动帮你选择好区域，保持默认不变，单击"确定"按钮即可。

图 7-38　创建数据透视表

STEP 02　如图7-39所示，将"地区"拉到"行"字段，"金额"拉到"值"字段。

木木：这么简单啊，那如果是统计每个地区各个销售部门的销售金额，要怎么做？

卢子：如图7-40所示，只需再将销售部门"拉"到"列"字段即可。

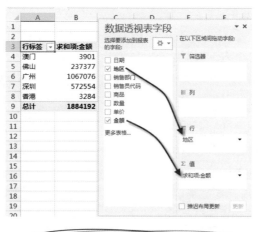

图 7-39 添加字段名（1）

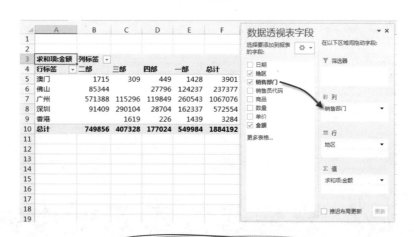

图 7-40 添加字段名（2）

木木：太神奇了，数据透视表太适合我了，我要学会数据透视表！

7.2.3 数据透视表简介

卢子：现在我跟你讲什么是数据透视表。

先一起看看微软的帮助是怎么定义数据透视表的。

数据透视表是一种可以快速汇总大量数据的交互式方法。使用数据透视表可以深入分析数值数据，并且可以回答一些预料不到的数据问题。数据透视表是专门针对以下用途设计：

◇ 以多种用户友好方式查询大量数据。

◇ 对数值数据进行分类汇总和聚合，按分类和子分类对数据进行汇总，创建自定义计算和公式。

◇ 展开或折叠要关注结果的数据级别，查看感兴趣区域汇总数据的明细。

◇ 将行移动到列或将列移动到行（或"透视"），以查看源数据的不同汇总。

◇ 对最有用和最关注的数据子集进行筛选、排序、分组和有条件地设置格式，使用户能够关注所需的信息。

◇ 提供简明、有吸引力并且带有批注的联机报表或打印报表。

说白了就一句话：数据透视表可以快速以各种角度分析汇总数据。

木木：**概念的东西，看起来很模糊。**

卢子：其实说白了，数据透视表就好比孙悟空。

拥有一双火眼金睛，任何妖怪都逃不出他的法眼。

拥有如意金箍棒，想长就长，想短就短，想大就大，想小就小。

本身过硬的技能：七十二变，想要什么就变什么。

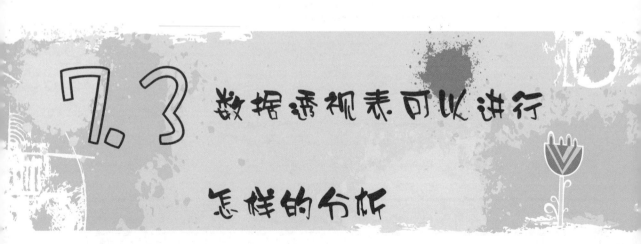

7.3 数据透视表可以进行怎样的分析

数据透视表，顾名思义就是将数据看透了，能将数据看透，你说拽不拽？看透人生真烦恼，看透数据真享受！既然连数据都能看透，那数据内在的含义不用说肯定也知道，知道了含义就可以进一步进行分析。

7.3.1　多角度分析数据

卢子：数据透视表的精髓就是两个字：拖、拉，拖拉间完成各种分析。现在从头开始跟你讲解数据透视表。先汇总每个地区商品的销售数量。

STEP 01 如图7-41所示，单击单元格A1，切换到"插入"选项卡，单击"数据透视表"按钮，弹出"创建数据透视表"对话框，选择放置数据透视表的位置为"现有工作表"，位置为Sheet4!$J$2，单击"确定"按钮。

图 7-41　创建数据透视表

STEP 02 如图7-42所示，将"地区""商品"拖到"行"字段，"数量"拖到"值"字段。

现在还想看每个销售部门的销售情况。

STEP 03 如图7-43所示，将"销售部门"拖到"列"字段。

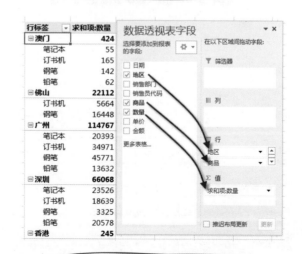

图 7-42　添加字段（1）

图 7-43　添加字段（2）

这样看起来密密麻麻的，不妨改变一下布局。

STEP 04　如图7-44所示，将"商品"拖到"筛选器"。

图 7-44　改变字段名的位置

如果现在想看的是金额而不是数量。

STEP 05　如图7-45所示，取消数量的勾选，将"金额"拖到"值"字段。

如果现在只是想看笔记本的情况。

STEP 06　如图7-46所示，单击"（全部）"的筛选按钮，选择"笔记本"选项，单击"确定"
　　　　按钮。

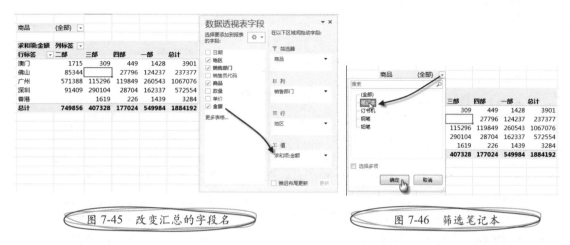

图 7-45　改变汇总的字段名　　　　　图 7-46　筛选笔记本

通过这里可以看出，不管要分析什么，都非常轻易地帮你搞定。

7.3.2　对各项目进行排序

卢子：经过初步布局后，还需要对总计进行降序，否则在未排序的情况下数据会很乱。

STEP 01　如图7-47所示，右击"总计"列的任意数字，在弹出的快捷菜单中选择"排序"→"降序"命令。

图 7-47　降序排序

列标签的默认排序不是按一部、二部、三部这样的顺序排序，这时需要再进行手工排序。

STEP 02 如图7-48所示，单击"一部"单元格，出现拖动的箭头时，向左拖动到"二部"前面。如图7-49所示，经过排序后，对商品进行筛选，都会自动进行排序，非常智能。

商品	笔记本			
求和项:金额	列标签			
行标签	二部	三部	一部	总计
广州	236964		19828	256792
深圳	45984	51744	136705	234433
香港			1439	1439
澳门	540		140	680
总计	283488	51744	158112	493344

图7-48 手动排序

商品	订书机				
求和项:金额	列标签				
行标签	一部	二部	三部	四部	总计
广州	170731	24192	39744	111679	346346
深圳	20064	28800	153805		202669
佛山	16032	79200			95232
香港			1619		1619
澳门	149			449	598
总计	206976	132192	195168	112128	646464

图7-49 自动排序

木木：数据透视表真的很好用，你再讲一些其他的用法。

7.3.3 统计商品最大、最小的销售数量

卢子：如图7-50所示，现在对所有字段取消勾选，我们再来做另外的分析。

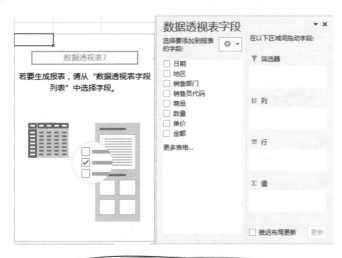

图7-50 取消字段

STEP 01 如图7-51所示，将"商品"拖到"行"字段，数量连续两次拉大小值。

STEP 02　如图7-52所示，右击字段标题，在弹出的快捷菜单中选择"值汇总依据"→"最大值"命令。用同样的方法将另外一个设置成"最小值"。

图 7-51　添加字段

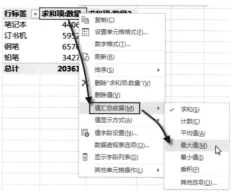

图 7-52　更改值汇总依据

如图7-53所示，经过设置就变成这样的效果。

行标签	最大值项:数量	最小值项:数量2
笔记本	96	11
订书机	95	3
钢笔	96	2
铅笔	87	29
总计	96	2

图 7-53　更改后的效果

对于追求完美的处女座而言，这样的标题看起来总感觉不顺眼，这时需要再做一些修改。

STEP 03　如图7-54所示，修改字段名，与修改其他单元格的内容一样，直接单击单元格修改即可。

行标签	最大值项:数量	最小值项:数量2
笔记本	96	11
订书机	95	3
钢笔	96	2
铅笔	87	29
总计	96	2

商品	最大数量	最小数量
笔记本	96	11
订书机	95	3
钢笔	96	2
铅笔	87	29
总计	96	2

图 7-54　更改字段名

木木：这样的话数据透视表真的可以取代好多函数，太棒了。

7.3.4 统计商品销售数量占比

卢子：有的时候我们想看的是每个商品的销售占比，而不是本身的数量，就可以这样做。

STEP 01 如图7-55所示，创建数据透视表，将"商品"拖到"行"字段，"数量"拖到"值"字段。

STEP 02 如图7-56所示，右击"求和项：数量"列任何单元格，在弹出的快捷菜单中选择"值显示方式"→"总计的百分比"命令。

STEP 03 如图7-57所示，更改字段名。

图 7-55 添加字段

图 7-56 更改值显示方式

商品	占比
笔记本	21.64%
订书机	29.23%
钢笔	32.30%
铅笔	16.83%
总计	100.00%

图 7-57 更改字段名效果

7.3.5 统计每一年的销售金额

卢子：如图7-58所示，数据透视表的神奇之处在于能变幻出很多原来没有的东西，比如我们的数据源只有"日期"一列，可以不通过任何函数就将日期转变成按年份、季度、月份等统计。

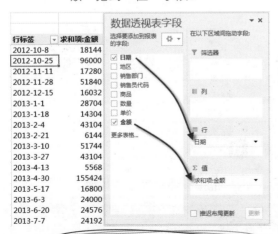

图 7-58　销售明细表

STEP 01 如图7-59所示，创建数据透视表，将"日期"拖到"行"字段，"金额"拖到"值"字段。

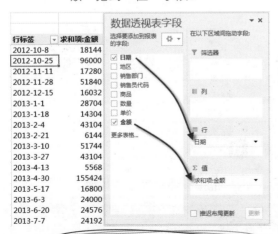

图 7-59　添加字段

STEP 02 如图7-60所示，右击任意一个日期，在弹出的快捷菜单中选择"创建组"命令。

图 7-60　创建组

STEP 03 如图7-61所示，在弹出的"组合"对话框中，保持默认设置不变，单击"确定"按钮。

图 7-61　按月组合

如图7-62所示，这样就统计出每个月的销售金额。

因为数据是跨年的，这时还得按年份组合，那该如何返回"组合"对话框呢？其实操作方法跟刚才一样。

STEP 04 如图7-63所示，右击任意一个日期，在弹出的快捷菜单中选择"创建组"命令。在弹出的"组合"对话框中，选择"月""年"两个步长，单击"确定"按钮。

行标签 ▼	求和项:金额
1月	101568
2月	55776
3月	223872
4月	256608
5月	192576
6月	63936
7月	188736
8月	81792
9月	315648
10月	153888
11月	196320
12月	53472
总计	1884192

图 7-62　按月组合效果　　　　图 7-63　按年月组合

如图7-64所示，这样显示出来的布局跟平常的布局不一样，不是很理想，需要进一步处理。

STEP 05 如图7-65所示，单击数据透视表任意单元格，这时会出现数据透视表工具，切换到"设计"选项卡，单击"报表布局"按钮，在弹出的下拉菜单中选择"以表格形式显示"命令。

行标签 ▼	求和项:金额
⊟2012年	
10月	114144
'11月	69120
12月	16032
⊟2013年	
1月	43008
2月	49248
3月	94848
4月	160992
5月	16800
6月	48576
7月	79392
8月	74784
9月	121824
10月	39744
11月	127200
12月	37440
⊟2014年	

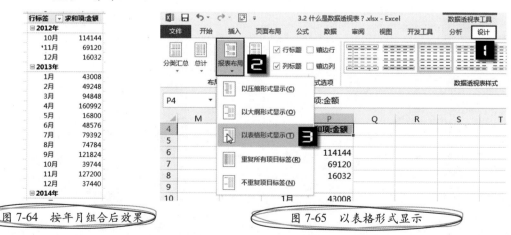

图 7-64　按年月组合后效果　　　　图 7-65　以表格形式显示

STEP 06 如图7-66所示，正常情况下都会有一个按年份汇总，有时因为事前被设置过而没有出现，这时可以再进行重新设置。切换到"设计"选项卡，单击"分类汇总"按钮，在弹出的下拉菜单中选择"在组的底部显示所有分类汇总"命令。

STEP 07 如图7-67所示，最后修改字段的标题，即大功告成。

木木：发觉我已经爱上数据透视表了，太强大了！

图 7-66　在组的底部显示所有分类汇总

年	月份	销售金额
⊟2012年	10月	114144
	11月	69120
	12月	16032
2012年 汇总		199296
⊟2013年	1月	43008
	2月	49248
	3月	94848
	4月	160992
	5月	16800
	6月	48576
	7月	79392
	8月	74784
	9月	121824
	10月	39744
	11月	127200
	12月	37440
2013年 汇总		893856

图 7-67　修改字段名

7.4　小结和练习

7.4.1　小结

数据分析可以通过排序、筛选、数据透视表等工具进行实现，这个最能体现用户的水平。不仅要用到Excel，还要结合分析能力，这样才能更好地分析数据。

7.4.2 练习

如图7-68所示，这是某公司的产品销售明细表，对产品进行各种统计。

	A	B	C	D	E	F
1	日期	销售店铺	产品编码	销售收入	销售成本	
2	2012-6-7	Product直销中心	H1731701XX	30658.69	24945.22	
3	2012-6-8	华阳店	H2331801XX	1359.36	1300.32	
4	2012-6-9	华阳店	H3331801XX	4961.78	4511.4	
5	2012-6-10	华阳店	H3431801XX	2261.73	2001.36	
6	2012-6-11	华阳店	H7931801XX	3840.8	2056	
7	2012-6-12	Product直销中心	XXX31801XX	6016.48	4579.39	
8	2012-6-13	Product直销中心	XXX31801XX	7034.11	5722.8	
9	2012-6-14	华阳店	XXX31801XX	10809.92	8535.54	
10	2012-6-15	Product直销中心	XXX31801XX	16096.29	13003.2	
11	2012-6-16	Product直销中心	XXX31801XX	8549.58	6778.2	
12	2012-6-17	华阳店	XXX31801XX	3135.17	2431.1	
13	2012-6-18	Product直销中心	XXX31801XX	183.01	145.33	
14	2012-6-19	Product直销中心	XXX31801XX	9542.24	7279.2	
15	2012-6-20	华阳店	XXX31801XX	780.05	610.74	
16	2012-6-21	华阳店	XXX31801XX	2854.27	2194.5	

图7-68　某公司产品销售明细表

1. 如图7-69所示，统计2013年每个季度每个月的销售收入与销售成本。

2. 如图7-70所示，统计各销售店铺的销售收入与销售收入占比，并降序排序。

年	2013年		
季度	**月份**	**销售收入**	**销售成本**
	1月	1533924.28	1267666.44
第一季	2月	522803.54	442623.66
	3月	597380.83	449346.8
第一季 汇总		**2654108.65**	**2159636.9**
	4月	1961794.88	2030618.21
第二季	5月	888555.2	775666.22
	6月	544790.01	392962.07
第二季 汇总		**3395140.09**	**3199246.5**
	7月	1466421.79	1306779.65
第三季	8月	1898682.09	1635105.77
	9月	1375986.78	1136043.23
第三季 汇总		**4741090.66**	**4077928.65**
	10月	821100.22	595253.92
第四季	11月	1182265.28	1004805.32
	12月	455122.89	411994.52
第四季 汇总		**2458488.39**	**2012053.76**
总计		**13248827.79**	**11448865.81**

销售店铺	销售收入	占比
华阳店	7104850.36	41.60%
中山公园店	5164002.35	30.23%
Product直销中心	4811264.79	28.17%
总计	**17080117.5**	**100.00%**

图7-69　统计2013年每个季度每个月的销售收入与销售成本

图7-70　统计各销售店铺的销售收入与销售收入占比，并降序排序

Office

Excel效率手册

08

数据展现

数据统计分析出来了，但是只是数据，看起来并不直观，如果借助图表就可以清晰明了地看出来。俗话说：人靠衣裳马靠鞍，数据也需要进行打扮才能更具吸引力。

8.1 你想展示什么

经常会看到这样的场景：

A：拿着一堆乱七八糟的数据扔过来，你帮我做个图表。

B：你要根据这些展示什么？

A：你看看这些数据适合什么图表，好看就行。

……

很多人对选择图表都好茫然，也不知道自己要分析什么，感觉只要有一个图就行了。

8.1.1 图表的作用

木木：经过这段时间的学习，进步飞快，上班时变得悠闲了，工作效率大大提高。有时，还能在上班时间学点其他知识，顺便跟QQ群内的人吹牛。

卢子：总算我没白教你，付出总是有收获的，日积月累，你将变得更加厉害，继续加油！

木木：现在越来越有动力学习了。

卢子：对了，你给领导看的报告有没有制作过图表？

木木：这个还真没有，我不懂图表。

卢子：那好，我先给你介绍下图表的一些基本知识。

如图8-1所示，左边是汇总后的表格，右边是根据汇总制作的图表，你看这两个哪个更加直观？

图 8-1　对比图

木木：这还用说吗，肯定是右边的图表，一目了然。

卢子：图表的本质就是可视化数据，让数据更容易解读。这里再将图表略作改动，效果看起来会更加好。

　　如图8-2所示，最大值用深颜色表示，其他用浅颜色。

　　如图8-3所示，再增加一条目标线。

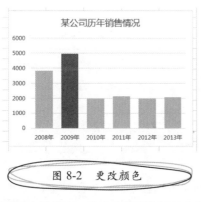

图 8-2　更改颜色

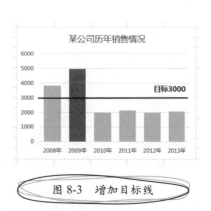

图 8-3　增加目标线

木木：如果我早点学这个，肯定会得到领导的表扬！

8.1.2　选择图表

卢子：如图8-4所示，图表也不是做得好看就行，同样的数据用不同的图表表示会相差十万八千里。

木木：这个饼图看起来确实有点混乱，那该如何选择合适的图表呢？

卢子：如图8-5所示，图表选择也不难，一图让你了解该如何选择。

关系		图表类型	图例
对比	变量	柱形图 条形图	
	时间	柱形图 折线图 雷达图	
构成	静态	占总体比例 饼图	
	动态 少数周期	堆积柱形图 百分比堆积 柱形图	
	动态 多个周期	堆积面积图 百分比堆积 面积图	
联系		散点图 汽泡图	
分布	变量		

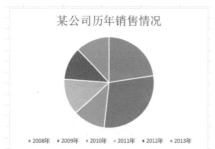

某公司历年销售情况

■ 2008年　■ 2009年　■ 2010年　■ 2011年　■ 2012年　■ 2013年

图 8-4　用饼图展示数据

图 8-5　图表选择一览图

　　图表虽然很多，但用得最多的其实就三种：柱形图（条形图）、折线图、饼图。

木木：好，我重点看看前几种图表。

8.1.3　图表的组成

卢子：看完后我给你介绍图表是由哪些元素组成的。

　　① 图表区：整个图表对象所在的区域，承载了所有其他图表元素以及添加到它里面的其他对象。

　　② 图表标题：指明了图表的用途，可以看作图表的中心思想。

　　③ 绘图区：描绘数据图形的区域，所有的数据系列都呈现在绘图区中。

　　④ 网格线：从数值轴和分类轴刻度线延伸出来的参考线，有主次网格线。

　　⑤ 图例：默认为图表的系列名称，指明了系列的含义。

　　⑥ 数值轴纵轴：可以想象成测量数据值的标尺，上有刻度线和刻度标签，标签通常为等距数值。

　　⑦ 分类轴横轴：把数据进行分类，每两个刻度线中间为一个分类项。

　　⑧ 数据系列：指根据数据源绘制的图

形，用来形象化地反映数据。

　　⑨ 数据标签：指数据系列的数值。

　　如图8-6所示，这是简化版的九个元素。

木木：只是看这些还是有点模糊，举个实际的图
　　　表说明一下吧。

卢子：下面以员工销售统计柱形图来说明，如
　　　图8-7所示。

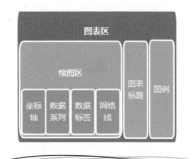

图 8-6　简化版的九个元素

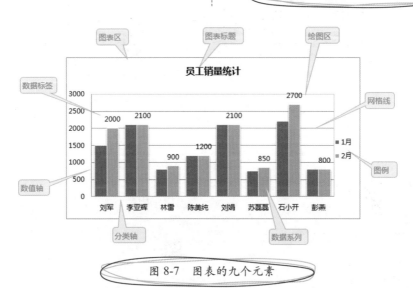

图 8-7　图表的九个元素

　　元素很多，但实际制作图表时，很多元素都可以省略。

8.1.4　制作图表

卢子：在制作图表之前，我们的数据源都经过了简
　　　单汇总，但很多时候都没有进行排序，如
　　　图8-8所示。为了使制作的图表看起来更加
　　　直观，先对数据源进行降序排序。

	A	B	C
1	商品	销售	
2	日用品	411	
3	化妆品	352	
4	零食	726	
5	酒水	179	
6	生鲜	672	
7			

图 8-8　没有排序的数据源

STEP 01 如图8-9所示，选择B列，切换到"数据"选项卡，单击"降序"按钮，在弹出的"排序提醒"对话框中保持默认设置不变，单击"排序"按钮。

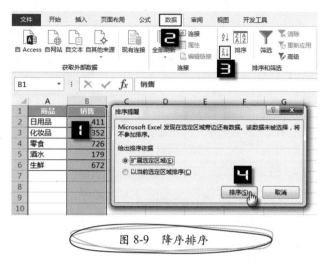

图 8-9 降序排序

STEP 02 如图8-10所示，选择数据源，切换到"插入"选项卡，单击"柱形图"按钮，在弹出的下拉菜单中选择"簇状柱形图"命令，即自动生成柱形图。

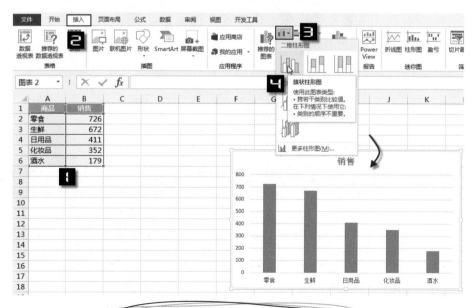

图 8-10 插入柱形图

创建好柱形图后，还要进行一系列美化。

STEP 03 如图8-11所示，将图表的宽再调小一点。

STEP 04 如图8-12所示，右击"系列"（也就是柱子），在弹出的快捷菜单中选择"设置数据系列格式"命令。

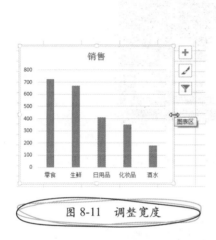

图 8-11　调整宽度

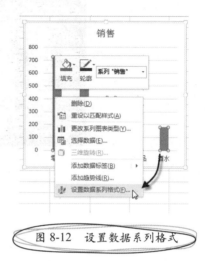

图 8-12　设置数据系列格式

STEP 05 如图8-13所示，将分类间隔调整为60%。

STEP 06 如图8-14所示，对默认的图表标题进行修改。

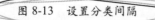

图 8-13　设置分类间隔

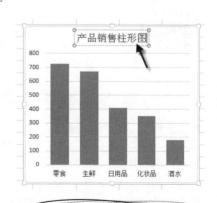

图 8-14　更改图表标题

做到这里就基本完成，如果对配色方面有所了解的话，也可以进行颜色设置，个性化图表，如图8-15所示。

如果嫌这些美化步骤太烦琐，也直接套用图表样式。

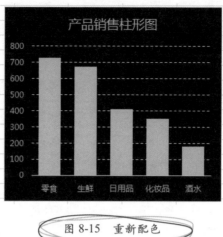

图 8-15 重新配色

如图8-16所示，单击图表，出现"图表工具"，切换到"设计"选项卡，选择喜欢的图表样式。

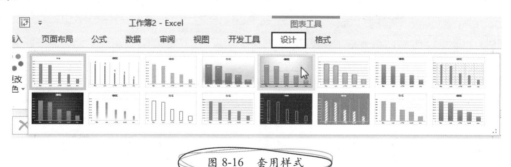

图 8-16 套用样式

木木：看来还是卢子懂我，让我这么一步步美化还不如直接杀了我，我最喜欢一步到位，直接套用图表样式。不过我还有个问题，看了你的表格后，还是不太能记住选择什么样的图表合适，有什么方法可以让Excel自动帮我选择图表吗？

卢子：如图8-17所示，Excel 2013提供了一个新功能：推荐的图表，这个对于不懂选择图表的人而言是一个福音。Excel根据你的数据源，提供了几个合适的图表类型供你选择。

木木：这个新功能不错，赞！

卢子：这里还推荐了饼图，如果要用饼图分析，可以用数据的销售占比来展示。

STEP 01 如图8-18所示，借助"推荐的图表"来插入饼图。

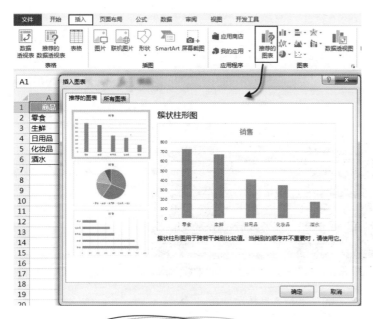

图 8-17　推荐的图表

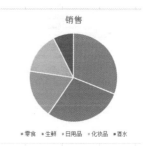

图 8-18　插入饼图

STEP 02 如图8-19所示，切换到"设计"选项卡，选择"样式10"。

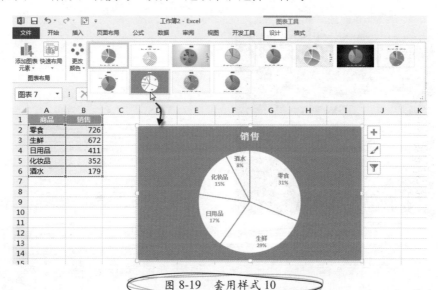

图 8-19　套用样式 10

STEP 03 如图8-20所示，再次切换到"设计"选项卡，选择"样式7"。

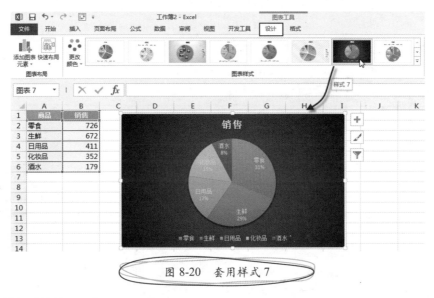

图 8-20 套用样式 7

STEP 04 美化后的效果，如图8-21所示。

如图8-22所示为各年份销售数据。柱形图与饼图都讲完了，再给你讲下折线图。折线图一般表示在某一个时间段的数据变化。

图 8-21 美化后的效果

	A	B	C
1	年份	销售	
2	2008年	3840	
3	2009年	4959	
4	2010年	1981	
5	2011年	2151	
6	2012年	1968	
7	2013年	2087	
8			

图 8-22 各年份销售数据

STEP 01 如图8-23所示，选择区域，切换到"插入"选项卡，单击"折线图"按钮，即自动生成折线图。

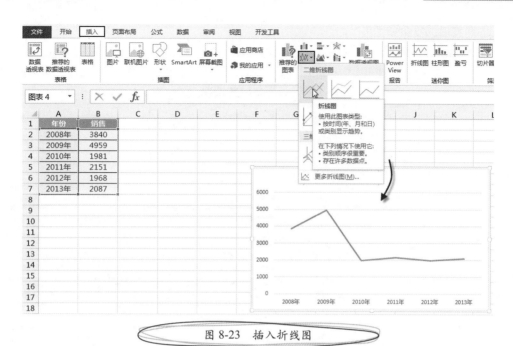

图 8-23　插入折线图

STEP 02 如图8-24所示，切换到"设计"选项卡，选择"样式2"。

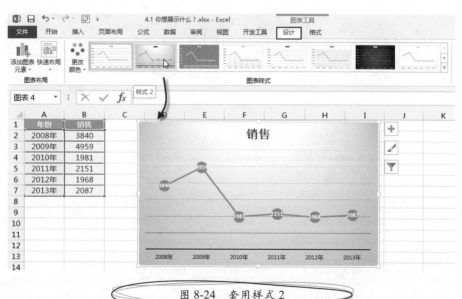

图 8-24　套用样式2

STEP 03 调整后的效果如图8-25所示。

木木：原来制作图表也不是很难，以后我也可以制作出漂亮的图了。

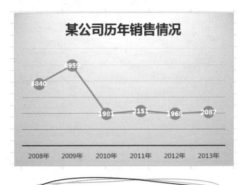

图 8-25　调整后的效果

8.2 你想打印什么

我们在给领导上交报告时，不可能将全部内容都打印出来给他，大多是有选择地打印，且是最终结果。而处理表的过程都是不需要的，但即使最终的表格，也需要重新排版才行。

8.2.1　确认打印内容

卢子：现在用我刚刚教你的方法，做一个教别人选择图表的报告，你会选择哪些内容呢？

木木：那我就根据你刚开始给我说的某公司历年销售情况的图表来说吧。如图8-26所示，首先选择一个错误的饼图与一个正确的柱形图作比较，然后再对正确的柱形图进行美化处理。

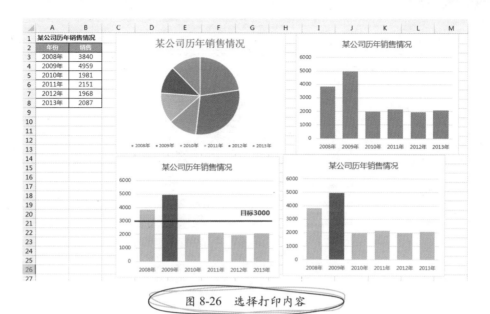

图 8-26　选择打印内容

如图8-27所示，这个是最原始的，还需要进一步增加简单的说明。

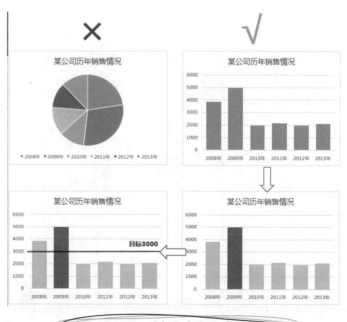

图 8-27　对打印内容简单说明

8.2.2 打印内容调整

卢子：不错，现在教你如何将这些
内容调整后打印出来。

STEP 01 如图8-28所示，借助
Ctrl+P组合键进行打印
预览，这时会发现一
页纸没办法显示全部
内容。

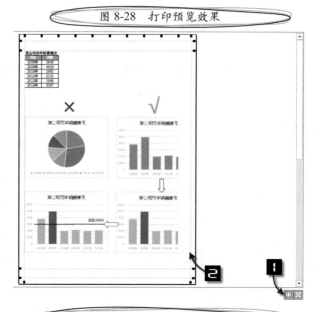

图 8-28　打印预览效果

STEP 02 如图8-29所示，单击
"显示边距"按
钮，手工将边距
调宽。

图8-29　调整为一页

STEP 03 重新返回工作表，调整图表的大小，控制在虚线（打印线）内。如图8-30所示为调整后的效果。

在做报告时，最好在最后面增加一些文字说明，这样才更容易理解。

这样就基本完成了。

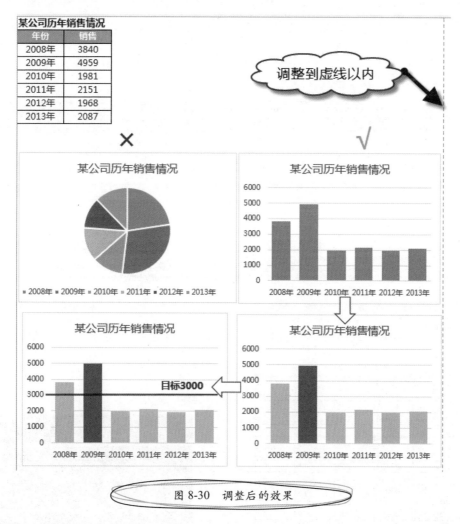

图 8-30 调整后的效果

8.3.1 小结

数据展现一般都是以报告的形式给更高级别的人看，所以需要添加一些图表，这样可视化更强。一图抵千言，正说明了图表的重要性。报告很多时候都需要打印出来，在打印前调整好布局，让打印效果更好。

8.3.2 练习

如图8-31所示，根据产品出货明细表先汇总出每月的出货数，然后根据汇总表制作柱形图，如图8-32所示。

	A	B	C	D	E
1	日期	番号	出货数	检查数	不良数
2	2011-4-1	40065	142	142	0
3	2011-4-1	40066	616	626	10
4	2011-4-2	40061	31	35	4
5	2011-4-2	40066	128	149	21
6	2011-4-2	40062	61	63	2
7	2011-4-6	93657	197	201	4
8	2011-4-6	93657	1140	1171	31
9	2011-4-7	93657	263	268	5
10	2011-4-7	43010	1176	1222	46
11	2015-5-1	43010	819	830	11
12	2015-5-1	43010	804	825	21
13	2015-5-1	40061	299	311	12
14	2015-5-1	40062	61	61	0
15	2015-5-1	40062	389	396	7
16	2015-5-1	40065	196	198	2

图 8-31　产品出货明细表

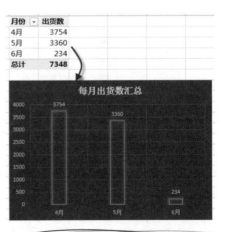

图 8-32　根据汇总数据制作图表

Office

PPT效率手册

09

软件篇

3天，子瑜只有3天时间学会PowerPoint来应付这次"升职"，这还真是一个幸福的烦恼。

子瑜一开始认为以自己的能力搞定PowerPoint这样的软件超级容易，但几个小时后她便宣告投降，于是四处求学，最后在一个公关公司的同学处问到了他们的一个合作伙伴。

故事从这里开始。

瑜：Hi，你好，猫老师，我希望用两天时间把PowerPoint学好，是否可以教我？

猫：子瑜，老实说学好的界限很难说，如果两天时间让你学会的话，接下来的6个小时你必须完全听我的。没问题？

瑜：没问题，我们现在就可以开始！

猫：好，先拿出你的电脑，打开PowerPoint 2013，新建一个PowerPoint文档，并在页面上插入一个圆。位于页面中央的直径为5厘米、带白色3磅轮廓并带有右下阴影的红色正圆。开始吧。如图9-1所示。

瑜：简单，开工。

直径？边框？图形阴影？

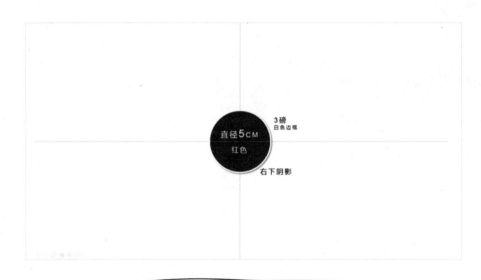

图 9-1 在 PowerPoint 中制作一个圆

9.1 一切从"O"开始

事实上，我们在一个圆上添加几个明确的条件，看起来似乎很简单，但需要把这个流程分开思考才能解决问题。

我们把它拆分成两个部分：插入圆和编辑圆。

插入圆：在软件上方的功能栏中切换到"插入"选项卡，单击"插图"选项组中的"形状"按钮，在弹出的下拉菜单中选择"圆"命令。然后在页面的空白处单击即会出现一个正圆，如图9-2所示。

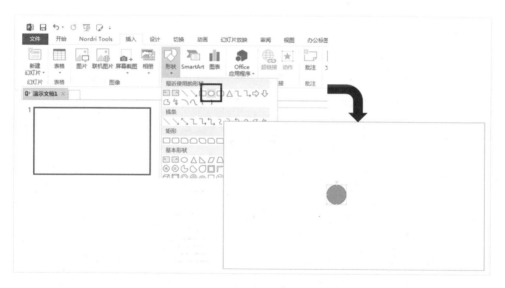

图 9-2　插入圆

编辑圆：选中圆，会看到上面选项卡自动跳到"格式"选项卡。可以在此处设置它成为一个直径5厘米、带白色3磅边框的红色带右下阴影的正圆，还需要它位于界面中央，如图9-3所示。

图9-3　"格式"选项卡

STEP 01 单击"形状样式"按钮，设置颜色为红色，然后单击"形状轮廓"按钮设置"白色3磅"轮廓，如图9-4所示。

图9-4　编辑圆的颜色和边框

单击"形状效果"按钮，在弹出的下拉菜单中选择阴影"右下阴影"，如图9-5所示。

图 9-5　添加圆的阴影

STEP 02 如图9-6所示设置效果后的圆。在"排列"选项组中设置左右居中和上下居中，完成
圆位于"画面中央"的任务，如图9-7所示。

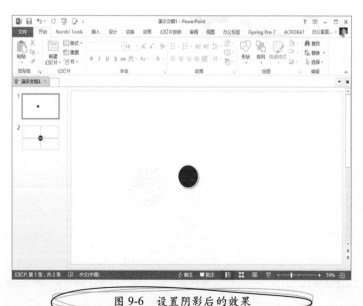

图 9-6　设置阴影后的效果

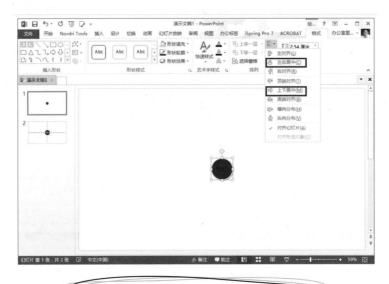

图 9-7　进行居中对齐

STEP 03 在"格式"选项卡的"大小"选项组中设置其高宽为5厘米，完成"直径5厘米"圆的
绘制任务，效果如图9-8所示。

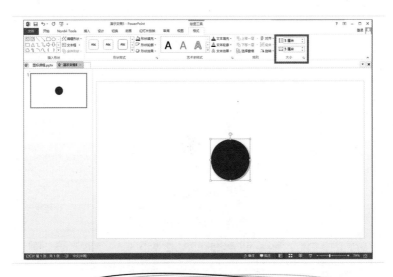

图 9-8　修改直径为 5 厘米后的效果

一个位于页面中央直径为5厘米，带白色3磅边框的红色带右下阴影正圆如图9-9所示。

重新用文字概括下这个任务的过程。

（1）插入圆

在"插入"选项卡的"插图"选项组中单击"形状"按钮，在弹出的下拉菜单中选择"圆"命令。

（2）编辑圆

◇　形状样式（形状填充色彩、形状轮廓色彩宽度、形状效果右下阴影）。

◇　大小（长宽各改成所需数值）。

◇　排列（对齐，上下左右分别居中）。

猫：子瑜，你会画圆了，现在考你一个问题，我需要再添加一个位于页面中央长宽为8厘米的圆，然后尝试在圆上添加一个带白色1磅边缘的黄色五角星，还需要添加一个右下内阴影的效果，如图9-10所示。

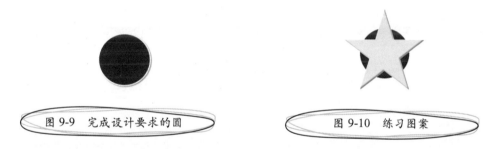

图 9-9　完成设计要求的圆　　　　图 9-10　练习图案

提示：记住：（1）插入图形；（2）编辑图形。

猫：子瑜，思考下一开始你为什么不会画圆？

瑜：我觉得主要是找不到工具，今天还第一次知道原来阴影是有方向的。

猫：事实上我在接触很多职场人士的时候，发现大部分朋友其实并不如自己想的那样会使用Office软件。我们会的可能是做一件事的决定，但从未思考过Office到底是怎么回事，这样就会让我们觉得简单，但真正遇到问题时却无法解决。现在用1个小时的时间好好了解这个软件。

瑜：好的。

PowerPoint 2013的编辑界面如图9-11所示。

关于工具部分，我们关注的核心是软件界面上方的功能区，其他部分除工作区外基本都是快捷方式。让我们从这一刻开始看透PowerPoint软件的本质，如图9-12所示。

看到功能区中密密麻麻的按钮是不是有些晕，微软公司对这些按钮排布是有逻辑的。这个逻辑是什么呢？

图 9-11　PowerPoint 2013 编辑界面

图 9-12　PowerPoint 2013 功能区

举例：插入圆。

我们会通过单击"插入"选项卡的"插图"选项组中的"形状"按钮插入圆，如图9-13所示。

图 9-13　插入圆的步骤

　　从找圆开始，我们看到密密麻麻的按钮就像面对十座大山，很多人的习惯是由于我去过山（插入）的第三层（插图）中的这个房子（形状）里有一个圆形，于是就找到了。然后我就会插入圆了，就好像某一条路走多了就习惯了，而无须知道这条路叫什么一样。不过不幸的是现在有几百个房子，那我们就不会走了吗？当然不，微软设计软件的逻辑是总分逻辑，我们用其软件的设计逻辑去查找所需的工具便会得心应手，如图9-14所示。

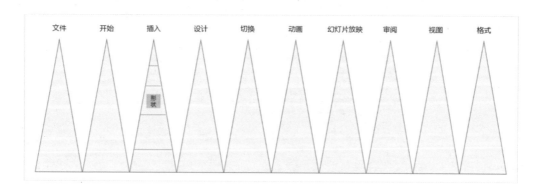

图 9-14　功能区金字塔选项

　　首先来看一下金字塔顶端的十个标签："文件""开始""插入""设计""切换""动画""幻灯片放映""审阅""视图""格式"。思考一下这十个标签，你有哪几个标签基本都没有打开过。

　　问题一：这十个标签分别代表了什么？

　　你有答案吗？除了"插入""动画""幻灯片放映"这三个标签似乎心里有数，从来没思考过其他的叫什么，为什么这样叫。我们从来没有尊重过这些名字吧，只是有了需要才找它们，然后，那些不熟悉的功能好似从来不曾存在于我们的PowerPoint软件里面。

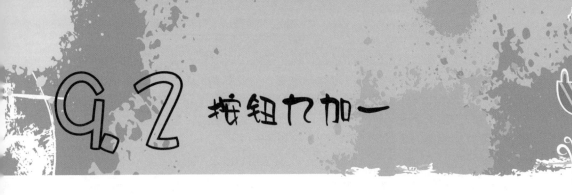

9.2 按钮九加一

文件　开始　插入　设计　切换　动画

幻灯片放映　审阅　视图　格式

9.2.1 从"开始"开始

　　如图9-15所示，新建一个PowerPoint文档，上面的按钮就会固定在"开始"选项卡中，此处我们可以把它假想成我们身边的24小时便利店（农村的小卖部），里面有我们所需的常用功能。

　　格式刷，"版式"与"编辑"选项组使用针对性都比较强，只需操作一到两次就可记忆。在后面的内容中我们会对这些进行针对性的练习。此处仅需记住"以字体编辑与段落编辑为核心的综合按钮"这句话即可。

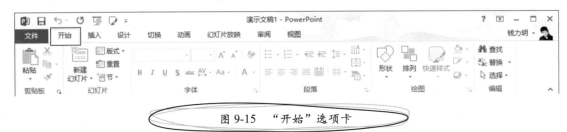

图9-15　"开始"选项卡

　　在"开始"选项卡中，命令按钮基本都是经常用到的，它们大部分来源于后面要讲到的其他按钮。但是此处有几个内容需要记住，我们从左向右依次来看。

　　（1）在"剪贴板"选项组中有一个"格式刷"按钮，可以复制幻灯片内容图形、文字、视频等显示出来的效果。

（2）在"幻灯片"选项组中需要记住"版式"按钮可更改所选页面为所需的版式。

（3）在"字体"选项组中可以修改字体大小、粗细、色彩，还可以修改字间距等。

（4）在"段落"选项组中开始给了我们最完善的修改按钮。

（5）在"绘图"选项组中的按钮，基本来源于"插入"选项卡的"格式"选项组。

（6）在"编辑"选项组中提供了"查找""替换""选择"三个实效按钮。

看到"开始"这座大山中，除了"绘图"选项组不太重要，其他的都很重要，不太好记！

9.2.2　"插入"选项卡

如图9-16所示为"插入"选项卡，我们也仅需要记住一句话：往幻灯片中加入内容的专用选项卡。

图 9-16　"插入"选项卡

比如图片属于图像，而圆属于形状，属于插图。我们在后面会说明按钮的位置。

9.2.3　"设计"选项卡

如图9-17所示为"设计"选项卡，这里也需要记住一句话：定义幻灯片标准的专用选项卡。

图 9-17　"设计"选项卡

（1）"主题"选项组是我们常说的幻灯片模板，可以选择官方主题，也可以选择自己所下载的主题运用于当前幻灯片。

（2）"变体"选项组对整个幻灯片的标准色彩、字体、效果、背景进行设定，是幻灯片制作的前期必要工作。统一设定会让工作效率大大提高。

颜色：一般模板自带颜色的定义，如果未自带，可以选择Office模式，如图9-18所示。

图 9-18　定义主题色为 Office 模式

字体：可以自定义字体的中英文标题或正文。此处对初学者推荐中文用微软雅黑、英文用Arial即可，此处的设置会体现在"开始"选项卡的"字体"选项组中，如图9-19所示。

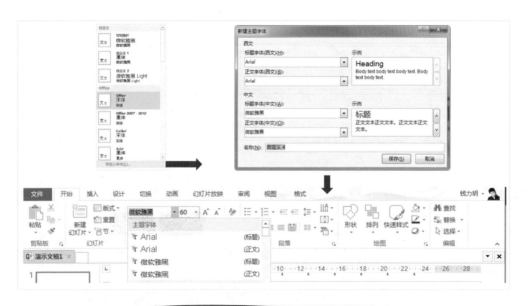

图 9-19　定义主题字体为中文微软雅黑、英文 Arial

效果：一般保持默认设置即可，如果插入的图形效果比较奇怪，我们可以在"设计"选项卡的"变体"选项组中进行设置，选择左上端的Office（一般默认的效果）。

背景样式：可以统一定义背景，单击下方的"设置背景格式"按钮会弹出设置背景格式任务窗格，可对其进行相对应编辑，如图9-20所示。

图 9-20　编辑 PowerPoint 背景样式

（3）"自定义"选项组：在该选项组中可以定义幻灯片的尺寸、比例。在16：9的宽屏与4：3的标准选择下，也可以自定义幻灯片大小。幻灯片编号起始位置也在此处设置，如图9-21所示。

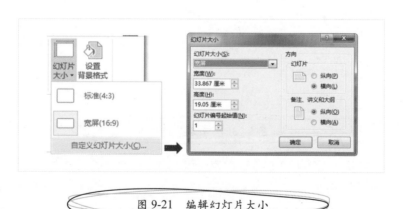

图 9-21　编辑幻灯片大小

右击幻灯片，在弹出的快捷菜单中选择"设置背景格式"命令，也可打开"设置背景格式"任务窗格，如图9-22所示。

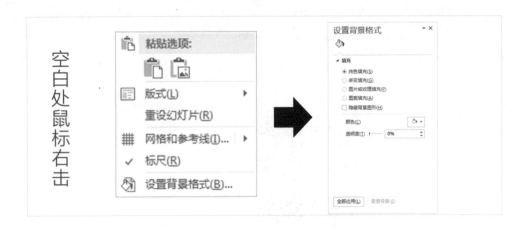

图 9-22　通过快捷菜单设置背景格式

9.2.4 "切换"选项卡

如图9-23所示为"切换"选项卡，依然用一句话记忆：定义幻灯片页面之间衔接效果的专用选项卡。

图 9-23　"切换"选项卡

在"计时"选项组中，可加入切换时的声音以及该页幻灯片是否让其自动切换到下一张，以及设置幻灯片存在的时间。

9.2.5　"动画"选项卡

如图9-24所示为"动画"选项卡，依然用一句话记忆：设置所在幻灯片页面元素动画效果的专用选项卡。

图 9-24　"动画"选项卡

单击"高级动画"选项组中的"动画窗格"按钮会打开"动画窗格"任务窗格，可以对该页动画进行细致的调整和观察，如图9-25所示。

图 9-25　打开"动画窗格"任务窗格

9.2.6　"幻灯片放映"选项卡

如图9-26所示为"幻灯片放映"选项卡，也用一句话记忆：设计最终放映方式相关事宜的专用选项卡。

图 9-26 "幻灯片放映"选项卡

单从制作角度出发无须深入了解该选项卡的内容，此处大多为演讲者在放映时进行设置。

9.2.7 "审阅"选项卡

如图9-27所示为"审阅"选项卡，也用一句话记忆：方便多方协作校对的专用选项卡。

图 9-27 "审阅"选项卡

"审阅"选项卡在公司互相协作中运用比较多，不仅可以帮助用户纠正英文拼写的错误，还可以进行批注、两份PowerPoint的区别对比等操作。

9.2.8 "视图"选项卡

如图9-28所示为"视图"选项卡，也用一句话记忆：调整所见软件页面视图的专用选项卡。

我们可以在"演示文稿视图"选项组中看到大纲视图，这将是10.2节中的关键使用按钮。"母版视图"选项组将作为10.2节的重点进行讲解。

图 9-28　"视图"选项卡

9.2.9 跟随选项卡

如图9-29所示为跟随选项卡，它是随着单击内容的不同而变化的，包括绘图工具、图片工具、表格工具、图表工具和SMARTART工具。跟随选项卡也可用一句话来概括：编辑所点选内容随着所选内容的变化而变化的神奇按钮。

图 9-29　跟随选项卡

9.2.10 "文件"选项卡

如图9-30所示为"文件"选项卡，它就像一个开关一样，文件由此开始，由此结束。仍然用一句话来概括：一个幻灯片开始与结束的选项卡。

在该选项卡中可以制作新建幻灯片、打开幻灯片，也可以保存、打印或导出幻灯片等。

按钮九加一，我们的秘诀就是十句话来掌握PowerPoint 2013的软件精髓。

◇　"开始"选项卡：以字体编辑与段落编辑为核心的综合按钮。

图 9-30　"文件"选项卡

◇　"插入"选项卡：往幻灯片中加入内容的专用选项卡。

◇　"设计"选项卡：定义幻灯片标准的专用选项卡。

◇　"切换"选项卡：定义幻灯片页面之间衔接效果的专用选项卡。

◇　"动画"选项卡：设置所在幻灯片页面元素动画效果的专用选项卡。

◇　"幻灯片放映"选项卡：设计最终放映方式相关事宜的专用选项卡。

◇　"审阅"选项卡：方便我们多方协作校对的专用选项卡。

◇　"视图"选项卡：调整所见软件页面视图的专用选项卡。

◇　跟随选项卡：编辑我们所点选内容随着所选内容的变化而变化的神奇选项卡。

◇　"文件"选项卡：一个幻灯片开始与结束的选项卡。

猫：子瑜，现在你觉得能找到需要使用的工具吗？

瑜：**我觉得还是找不到，按钮太多了。**

猫：嗯，这是正常的，你看着这张表格，我问你几个问题，你答来看看。

第一，要在PowerPoint中插入一段视频，应该用哪个按钮？

第二，要把PowerPoint导出成视频应该是哪个按钮？

第三，要在幻灯片切换时发出掌声应该用哪个按钮？

第四，要在当页幻灯片的一个元素中加入动画用哪个按钮？

第五，为了保证整齐，需要在幻灯片编辑时有参考线用哪个按钮？

瑜：第一个是"开始"选项卡。

第二个是"文件"选项卡。

第三个是"切换"选项卡。

第四个是"动画"选项卡。

第五个是"视图"选项卡。

猫：子瑜已经基本把按钮搞懂了。

9.3 两个操作方式及一个插件

本章再来谈谈PowerPoint 2013中两个操作方式及一个特别的插件。

（1）在编辑区中选中内容后右击，会弹出跟随工具，如图9-31所示。

图 9-31　跟随工具

这里与神奇的跟随按钮一样，右击弹出的菜单也会随着所选内容的不同而变化。

（2）软件右下角的快捷按钮，分别引进了上方专用按钮的一些常用功能，如备注、批注、幻灯片视图的一些效果以及播放按钮，便于我们操作，如图9-32所示。

图 9-32　编辑界面右下角的快捷按钮

这里重点推荐一个重要的插件：Nordri Tools。

Nordri Tools的官方介绍是基于微软PowerPoint的"一键化"效率插件，可根据企业需求定制添加PowerPoint模板资源等功能模块。安装它可让我们的制作效率有进一步的提高，笔者会录制相关教程与大家进行分享学习，如图9-33所示。

图 9-33　Nordri Tools 选项卡

插件可到Nordri官网进行下载。

9.4 小结与练习

9.4.1 小结

本章主要希望读者可以了解PowerPoint软件设计的逻辑与规律，而让读者清晰地知道如何去寻找自己需要的按钮。Office运用的软件设计方法可以用最简单的总分结构来理解，编写每个选项卡的"口诀"以快速寻找按钮是初期最快的寻找方式。

9.4.2 练习

尝试编写PowerPoint十大按钮的口诀，以加速自己对软件的熟悉程度。

Office
PPT效率手册

10
制作篇

猫：子瑜，对于工具的了解就进行到这里，下面我们进行实战吧。

瑜：**期待已久！**

猫：先来看一张图，如图10-1所示。

图 10-1　PowerPoint 编辑层次图

在本章学习结束后，你将更能理解这张图的含义。

10.2 五分钟制作一个

PowerPoint

10.2.1 准备工作

首先我们打开五分钟制作一个PowerPoint的资料（微博：@猫眼军事\PowerPoint效率手册相关资料\制作篇\5分钟制作PowerPoint），如图10-2所示。

图 10-2 打开所需资料

这是一个未经任何编辑的Word文档，单击"视图"选项卡的"视图"选项组中的"大纲视图"按钮，进入Word的大纲视图，如图10-3和图10-4所示。

图 10-3　单击"大纲视图"按钮

图 10-4　Word 大纲视图

在"大纲"选项卡下，我们看到"大纲工具"选项组中，可以用箭头进行分级。
这里进行如图10-5所示的分级。

图 10-5　对内容进行分级

分级以后打开"Word选项"对话框，选择"快速访问工具栏"选项，在"从下列位置选择命令"下拉列表框中选择"不在功能区中的命令"选项，在下方的列表框中选择相应选项，然后单击"添加"按钮。左上角就会出现一个新的按钮，部分操作如图10-6和图10-7所示。

图 10-6　添加命令到快速访问工具栏

图 10-7   添加成功后的显示效果

10.2.2   制作PowerPoint

SETP 01 单击"视图"选项卡的"演示文稿视图"选项组中的"大纲视图"按钮。在左边，我们看到的就是和Word大纲一样的内容（注Office的等级：Word中的1级为一页幻灯片、2级到5级为页面内容、正文部分将不显示在PowerPoint中），如图10-8所示。

SETP 02 全选大纲中的所有内容，单击"开始"选项卡的"字体"选项组中的"清除所有格式"按钮，清理导入PowerPoint内容中自带的格式。然后单击"视图"选项卡的"演示文稿视图"选项组中的"普通"按钮，回到普通视图，如图10-9和图10-10所示。

SETP 03 单击"设计"选项卡的"主题"选项组中的"平面主题"按钮，如图10-11所示。

图 10-8　PowerPoint 2013 大纲视图

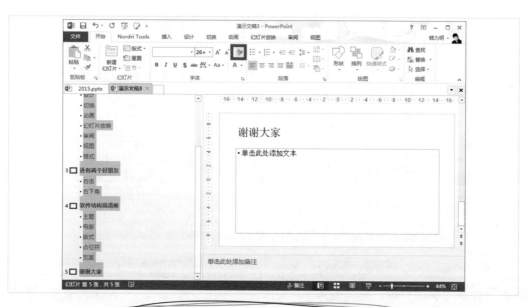

图 10-9　清理 Word 自带的字体效果

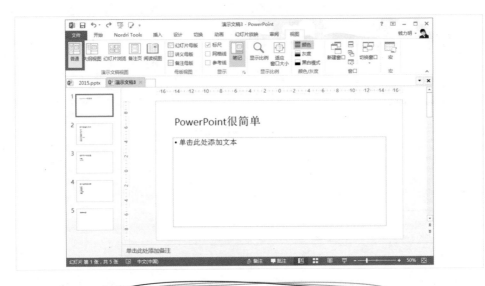

图 10-10　回到普通视图

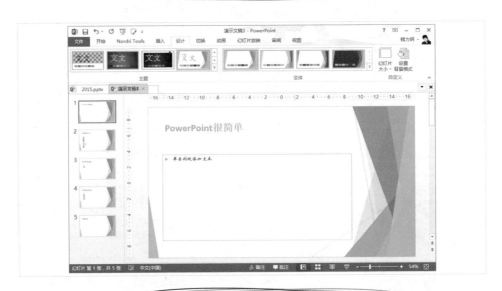

图 10-11　单击"平面主题"按钮

　　在"变体"选项组中，颜色设置为：**Office**，字体设置为：中文用微软雅黑，英文用
Arial，效果背景不变，如图10-12所示。

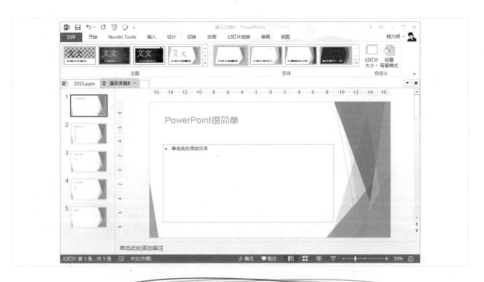

图 10-12 变体设置完成后的效果

SETP 04 在第一页中，单击"开始"选项卡的"幻灯片"选项组中的"版式"按钮，在弹出的下拉菜单中选择"标题幻灯片"，如图10-13和图10-14所示。

图 10-13 选择标题版式

图 10-14　设置完成后的效果

在副标题占位符处可以加上自己想写的话（结束页面也一样），一个PowerPoint基本完成。

STEP 05 单击"视图"选项卡的"母版视图"选项组中的"幻灯片母版"按钮进入母版视图页面，如图10-15所示。

图 10-15　母版视图页面

在母版处插入任何元素，在默认下都会在此母版下属的幻灯片中显示，如在母版中添加一个圆后，效果如图10-16所示。

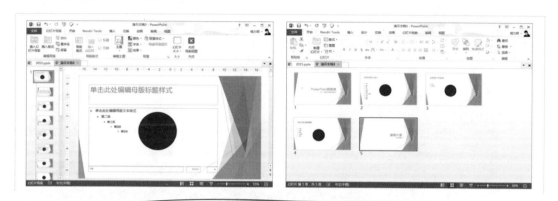

图 10-16　在母版中添加圆后，很多 PowerPoint 页面都有圆

首页和尾页使用的标题幻灯片版式没有圆，单击该版式看看为何没有添加的圆，我们仅需在任意版式上选中"幻灯片母版"选项卡的"背景"选项组中的"隐藏背景图形"复选框，就可以不继承母版属性，如图10-17所示。

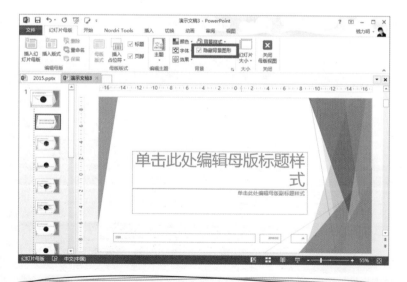

图 10-17　选中"隐藏背景图形"复选框后不显示母版内容

STEP 06 可以看到最底下的标题和文本幻灯片版式，单击此处编辑母版标题样式，让其变粗并在下方插入一条3磅粗的灰色横线，使其更加美观，如图10-18所示（看到母版下方有非常多的版式，但用到的其实并不多，可以用Nordri Tools清理无用版式，让工作效率更高，看起来更清晰）。

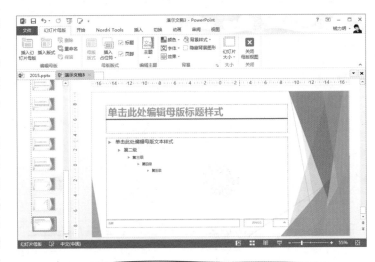

图 10-18　在版式处添加一条灰色的线条

我们看到第二到第三张幻灯片由于均运用此版式，故都加上了如版式中的横线，如图10-19所示。

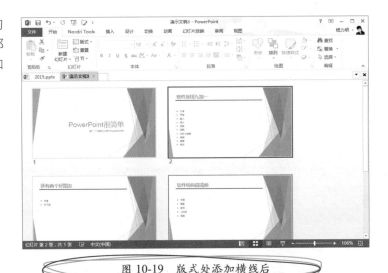

图 10-19　版式处添加横线后

回到普通视图，来到第二页幻灯片。选择正文占位符，然后单击"开始"选项卡的"段落"选项组中的"转换为SmartArt图形"按钮，在弹出的快捷菜单中选择"其他SmartArt图形"命令，弹出"选择SmartArt图形"对话框，选择"列表"选项，并选择第一个基本列表，如图10-20～图10-22所示。

图 10-20   选择"其他 SmartArt 图形"命令

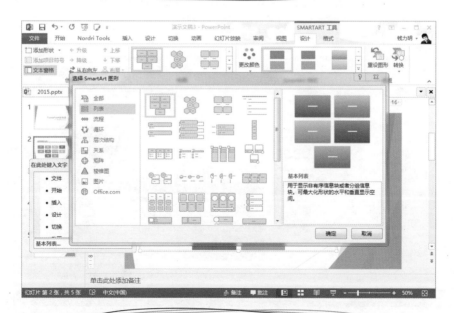

图 10-21   选择第一个基本列表

图 10-22　应用后的效果

可以看到上方工具栏已经启动"SMARTART工具"的"设计"选项卡，可在"SmartArt样式"选项组中更改自己喜欢的颜色，如图10-23所示。

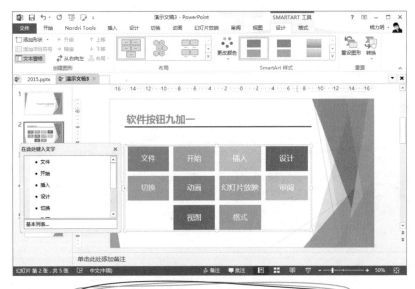

图 10-23　修改色彩

移动下位置后对3和4页幻灯片也用SmartArt进行下升级换装。

修改后成型的PowerPoint幻灯片如图10-24所示。

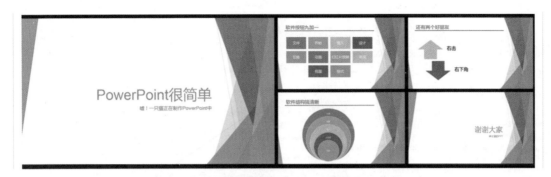

图 10-24　快速制作后的效果

猫：子瑜，你觉得自己做得如何！

瑜：还可以哦，猫老师，感觉可以出师了嘛！

猫：那我考考你，开始那张图懂了吗？

瑜：嗯，老师你还是讲一下吧，现在感觉会做，但道理还不是很清楚。

猫：这样就比较容易忘记了。再来看下完整的图，如图10-25所示。

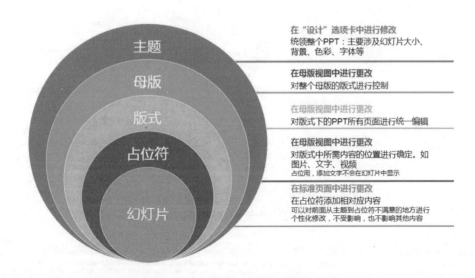

图 10-25　PowerPoint 应用层次图

猫：我们来看示例图对照理解，如图10-26所示。

（1）由"设计"选项卡中的主题来控制整个PowerPoint的大小、色彩、文字、效果、背景等。

（2）由母版控制下面版式所需统一显示的内容（版式可以选中"隐藏背景图形"复选框而放弃母版的设置内容）。

（3）由版式统一控制用这个页面的PowerPoint页面（PowerPoint页面可以修改占位符的内容，但是不可修改在版式中添加的其他内容，包括母版所附带内容。）。

（4）可以用SmartArt增加正文中有规律内容的制作速度。

猫：现在清楚点了吗。这两张图保留下，四个要点记住，这样基本的制作就没什么问题了。

瑜：**嗯，谢谢猫老师，受益匪浅呢。**

猫：到此我们接近3个小时了，休息整理15分钟，接下来2个小时进入升级篇内容，提高你对美的感知力与制作能力。

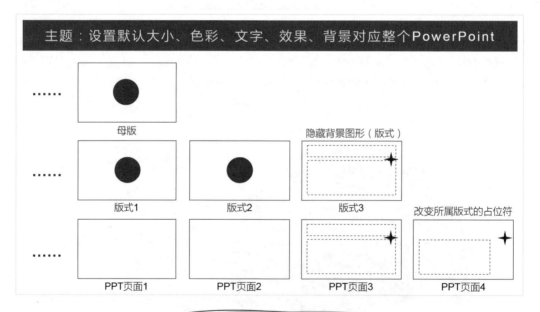

图10-26　层次对照效果图

10.3 小结与练习

10.3.1 小结

　　本章我们学习了快速制作PowerPoint的方法，事实上本章的真正核心并不是快速制作的方法，而是对PowerPoint软件每个层级间的关系进行了梳理。希望读者可以更清晰地知道从主题版块到幻灯片每一个层级之间的关系。理清这些关系以后，将对制作PowerPoint的效率有极大的提高。

10.3.2 练习

　　自己寻找一份Word文件，对其进行快速制作，在制作中记得使用母版视图。

读书心得

Office

PPT效率手册

11

设计篇

猫：先来做一个作业，模仿制作如设计篇作业1，做到自己不能继续为止！

瑜：好像很难，不过，我喜欢挑战。

完成作业需要掌握3个重要概念。

（1）层的概念。

（2）动画的使用。

（3）形状的多样化编辑。

瑜：差不多这样，动画这块不太会呢。

猫：画得不错，这里先对画进行分析，再讲动画。你看在静态画面上有哪些元素呢？

作业1如图11-1所示。

图 11-1 作业 1

11.1 PowerPoint中的常见元素

瑜：有字，还有形状。

猫：对的，一般PowerPoint的页面上能看到的元素有4个：文字、形状、图片、图表，如图11-2所示。

现在我们对其进行快速掌握，先从文字开始。

图 11-2 PowerPoint 常见元素

11.1.1　文字

文字可进行的编辑主要有：字号、字体、粗细、字间距、其他、字的对齐方式、行距、文本填充、文本轮廓、文本效果（艺术字效果）等。看起来很多，但内容集中在3个地方，如图11-3所示。

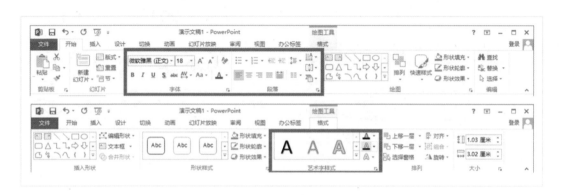

图 11-3　编辑字体的 3 个地方

可以在"字体"组中对字体进行所需的设置，如图11-4所示。

在设计菜单时一般会先设置"主题字体"，但根据要求的提升我们可能需要用到更多的精美字体，如图11-5所示。

图 11-4　选择字体窗口　　　　　　　　图 11-5　各种字体效果

我们可以找到适合表达意境的字体来表达我们希望传递的一种感觉，比如古朴、亲切、严肃等。字体的种类非常多，单中文就有数以万种，这里了解大致分类即可。

我们一般把字体分成3类，如图11-6和图11-7所示。

图 11-6　字体分类

图 11-7　各类字体效果

我们可以从字体中看到3种字体的明显区别。

前面开始推荐的字体都为非称线字体，这里把其排在最前面是因为在电子文件中使用该类字体是最安全的字体。在正文中一般推荐用微软雅黑即可（推荐使用微软雅黑Light，微软雅黑的精细版）。

我们直接用自己的眼睛来对比，以自己的感觉为标准判断为何需要用相对端正的非称线字体，如图11-8所示。

在正文部分我们看到微软雅黑Light 在辨识性、美观度、整体感方面都强于同样纤细的宋体，而加粗后的微软雅黑与华康俪金黑W8对比起来在辨识度上也一样更高。我们在标题、重要文字处加大用华康俪金黑W8这样的称线字体会在美观和细节感上有不错的提升。

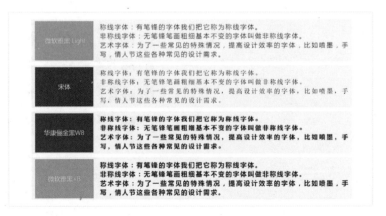

图 11-8　对比称线字体与非称线字体效果

相对应的艺术字体在某些场合也会有比较好的效果，如图11-9所示。

图 11-9　艺术字体的合理运用

对于字体来说，最好的使用方法便是合适，抓住以下两点来记忆。

（1）你的文字是否需要人看清？如果需要，那么就一定注意辨识度，观看者是在何种环境下观看的（一般办公场合推荐微软雅黑即可）。

（2）幻灯片有时追求更多的是一种感觉，而有时字是没必要看的。特别是大段文字已达到风格的要求，此时需要更加注重文字所在的背景。

字体部分我们记住有3种形式，而使用时要注意"合适"二字，从观众角度去思考合适的字体。

如图11-10所示，字体后面跟着的是字号，也就是所谓的字的大小。字的大小比较好理解，这里在操作时也要记住两点：

（1）尽量用后面的A˄与A˅两个符号，然后通过关注页面字的变化来决定字的大小，无须刻意去记忆字号。

（2）在制作后，多观察对比投影布上的文字大小，以培养对真实呈现效果的感觉。

如图11-11所示，这个橡皮擦刻意让你的字体恢复所设定的主题字体，在修改不满意的情况下帮助我们快速回到主题效果。

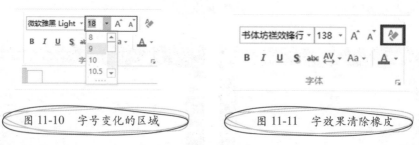

图 11-10　字号变化的区域　　　　图 11-11　字效果清除橡皮

如图11-12和图11-13所示，下面5个符号相对应的分别为加粗、倾斜、下划线、加阴影以及删除符号。我们一样追求合适原则，用自己的眼睛判断。

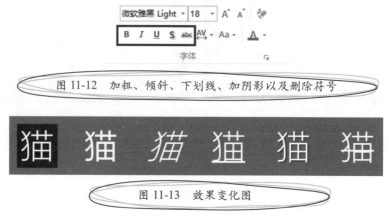

图 11-12　加粗、倾斜、下划线、加阴影以及删除符号

图 11-13　效果变化图

一般来说我们要记住以下5点。

（1）标题与要突出的内容需要加粗。

（2）倾斜效果会降低辨识度，但是更加有动感。

（3）下划线距离无法调节，可以用形状里面的线条另外加以辅助。

（4）阴影在浅色字上使用更加合适，深色字如黑蓝不建议加阴影。

（5）删除符号，与下划线一样，可以用"形状"里的元素更好地表述这是个错误的内容。

如图11-14和图11-15所示，字间距是比较容易被忽略的，但却是非常重要的。这里单独拿出来进行对比。

如图11-16所示，若字间距变化，则整体的感觉也会有所变化，在微软雅黑Light这样的字体上相对来说变化的感觉不强，换成称线字体（华康俪金黑W8），效果就比较明显。

如图11-17和图11-18所示，感觉到用稀疏的效果会比常规清晰很多，在这个字号下似乎间距有点偏大。也可以在此选项下进行调节（高要求）。

称线字体：有笔锋的字体猫们把它称为称线字体。
非称线字体：无笔锋笔画粗细基本不变的字体叫做非称线字体。
艺术字体：为了一些常见的特殊情况，提高设计效率的字体，比如喷墨，手写，情人节这些各种常见的设计需求。

称线字体：有笔锋的字体猫们把它称为称线字体。
非称线字体：无笔锋笔画粗细基本不变的字体叫做非称线字体。
艺术字体：为了一些常见的特殊情况，提高设计效率的字体，比如喷墨，手写，情人节这些各种常见的设计需求。

图 11-14　改变字间距

图 11-15　字间距让显示也有所变化

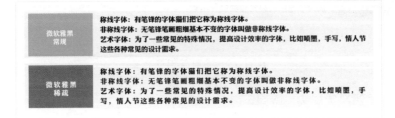

图 11-16　字间距变化对比

图 11-17　调节字间距

微软雅黑 常规	称线字体：有笔锋的字体猫们把它称为称线字体。 非称线字体：无笔锋笔画粗细基本不变的字体叫做非称线字体。 艺术字体：为了一些常见的特殊情况，提高设计效率的字体，比如喷墨，手写，情人节这些各种常见的设计需求。
微软雅黑 稀疏	称线字体：有笔锋的字体猫们把它称为称线字体。 非称线字体：无笔锋笔画粗细基本不变的字体叫做非称线字体。 艺术字体：为了一些常见的特殊情况，提高设计效率的字体，比如喷墨，手写，情人节这些各种常见的设计需求。
微软雅黑 加宽2磅	称线字体：有笔锋的字体猫们把它称为称线字体。 非称线字体：无笔锋笔画粗细基本不变的字体叫做非称线字体。 艺术字体：为了一些常见的特殊情况，提高设计效率的字体，比如喷墨，手写，情人节这些各种常见的设计需求。

图 11-18　字间距调节效果

其实我们的眼睛对字与字中间的空隙会有对应的需求，一般来说合适的间距没有什么秘诀，用自己的眼睛去判断这样的宽度是否是最舒服的，一般在16号字及以下用"常规"都是合适的，而24号字及以上用"稀疏"更加合适。

如图11-19所示，英文字母大小写变化，我们无须切换大小写锁定键，即可一键搞定。

如图11-20所示，颜色、色板来源于主题，色彩是一个很大的话题，是核心也是感觉。但是初期我们在用字的时候记住一句口诀，如图11-21所示。

图 11-19　英文大小写切换按钮

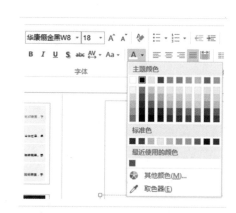

图 11-20　字体色彩按钮

浅底深字加渐变，深底浅字加阴影

浅底深字加渐变，深底浅字加阴影

图 11-21　色彩口诀

如图11-22所示，加渐变是在跟随工具下的文本填充中添加。

这个版块的核心是要记住以下4个要点。

（1）字体的选择方式。

（2）字号的变更技巧。

（3）字间距的控制变化。

（4）字色彩的运用口诀。

图 11-22　添加渐变

猫：对"字体"这个选项感觉了解得如何了？

瑜：需要多操作来记忆，几个关键点记下了。

猫：嗯，记住用自己的眼睛去判断，我们接着看"开始"选项卡中的"段落"选项组。

如图11-23所示，从左上角开始依次是：项目符号+编号、级别升降、字的行间距、对齐、分列、文字方向与对齐文本、转换为SmartArt。

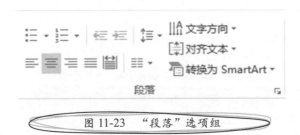

图 11-23　"段落"选项组

1. 项目符号+编号

有时候我们经常会遇到一页中需要表达3～5个内容点，那么我们会在每点前加入图形符号或者用编号表示，这个都可以快速在"段落"选项组的项目符号与编号处完成，如图11-24所示。

图 11-24　项目符号＋编号

如图11-25所示，项目符号与编号不能同时使用，有时手动编号后再加编号就会变成两个编号的效果，尽量避免这样的情况。

图 11-25　不要手动添加编号

如图11-26所示，在下拉后我们将得到更多的选择。

项目符号　　　　　　　　　　　　编号

图 11-26　更多项目符号、编号选择

2. 列表级别的升降

在Word大纲中有升降级别，在PowerPoint里面也是一样，我们可以对其等级进行改变，这在文本框中就会有所变化。与箭头方向一样，单击向右箭头这行文字就会向右缩进；单击向左箭头就会让已向右缩进的行向左恢复一个缩进距离，如图11-27所示。

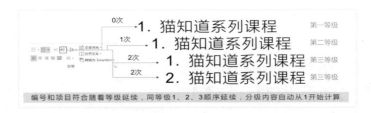

图 11-27　升降级别符号的运用

如图11-28所示的是一个实用的效果。

图 11-28　升降级别符号的实际运用

3. 字的行间距

我们已经知道字间距的改变会极大地影响对文字的阅读，行间距也是一样。我们可以在"段落"对话框中改变行间距，让文字行与行、段与段的层次更加明确，如图11-29所示。

图 11-29　行间距的控制

通过改变段间距和行间距让文本框内行与段的层次明确，让最终展现的效果更加合适阅读。这里还可以非常方便地设置首行缩进等操作，如图11-30所示。

图 11-30　首行缩进

瑜：噢！原来每段前面空两格不是敲空格呀！

猫：……

4. 对齐

字的对齐方式一共有5种，分别为左对齐、居中对齐、右对齐、两端对齐、分散对齐，如图11-31所示。

图 11-31　5 种文字对齐方式

前面 3 种都很好理解，"两端对齐"特别推荐用在正文的排版中。左对齐，两端对齐和分散对齐的区别如图11-32所示。

图 11-32　对齐方式的区别

5. 分列

我们在杂志或一些大开本的书籍中经常看到左右两边分列展示的效果，可以使用分列按键直接将所需要编辑的内容进行分列，如图11-33和图11-34所示。

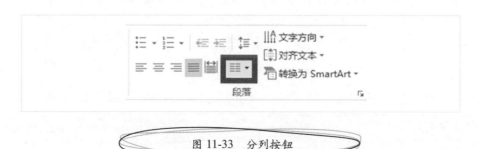

图 11-33　分列按钮

你有答案吗？视乎除了插入，动画，幻灯片放映这三个心里有数，其他的却从来没思考过他们为什么叫那个名字？我们从来没有尊重过这些名字吧，我们只是需要了才找它们，然后，那些不熟悉的那些朋友（功能）它们好似从来不曾存在于我们的 PowerPoint 软件里面。设计？审阅？还有那个切换也不知干什么用的。

你有答案吗？视乎除了插入，动画，幻灯片放映这三个心里有数，其他的却从来没思考过他们为什么叫那个名字？我们从来没有尊重过这些名字吧，我们只是需要了才找它们，然后，那些不熟悉的那些朋友（功能）它们好似从来不曾存在于我们的 PowerPoint 软件里面。设计？审阅？还有那个切换也不知干什么用的。

图 11-34　分列效果

但是一般不建议使用这个按钮：第一，使用起来并不方便；第二，完全可以用两个文本框解决此需求（操作更加熟练）；第三，分列在大部分情况下不利于PowerPoint的阅读。

6. 文字方向，对齐文本

改变文字横竖排列方式的按钮在"开始"选项卡的"段落"选项组中，如图11-35所示。

图 11-35　改变文字的排列方式

对齐文本是文字与文本框距离的控制按钮，如图11-36所示。

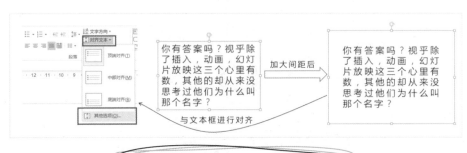

图 11-36　对齐文本效果

如果你习惯在幻灯片模板原配的占位符上编辑文字，这个功能将经常使用到，非常方便，如图11-37所示。

图 11-37　对齐文字效果在占位符的效果

瑜：以前就按Enter键，现在知道了。

猫：不要随意使用Enter键进行段落对齐，很多时候在本地计算机中看起来是居中对齐的效果，由于软件版本不同，在其他电脑展示时位置也许会有变化，导致显示效果不整齐的情况也是很多的。

7. 转换为SmartArt

猫：这个我们在第10章练习中已经讲述过了，对于比较单调的文字页面有快速的润色作用。

如图11-38所示，关于艺术字我们要记住3点。

图 11-38　艺术字样式

（1）字也是图形，有字形与字轮廓。

（2）对字的变化有字色彩、字轮廓色彩及字效果。

（3）任何艺术字的效果均可分解，如图11-39和图11-40所示。

猫：这里有两个注意点，第一，很多效果在2003版本的PowerPoint中会丢失；第二，任何可以填充色彩的地方都可以使用渐变色彩，但是在2003版本上会丢失。所以建议最后展示所用电脑最好和自己使用电脑的软件版本一致。

瑜：领导使用时，他用2003版怎么办呢。

图 11-39 艺术字效果分解

图 11-40 艺术字效果运用建议

猫：这个如果提前预知，可以把内容保存成图片来防止最后效果与手中制作的效果不同，还可以帮助领导升级软件版本。

猫：好了，字的内容就是那么多了，现在看一组对比，用前面所学的技巧让整个页面有大的变化，如图11-41所示。

图 11-41 纯文字调节前后的效果

瑜：感觉变化好大，清晰很多。

猫：核心是层次哦，注意层次清晰在辨识度中的作用是非常大的。

11.1.2　形状

猫：形状看起来很简单，我们灵活运用会有奇效。

　　PowerPoint中的形状主要有两种：线和面。它的控制按键主要聚集在3处，如图11-42所示。

开始选项卡　　　插入选项卡　　　　　　跟随选项卡（格式）

图 11-42　形状的 3 处控制按键聚集地

　　这里可以基本忽略"开始"选项卡中的功能，只要记住插入形状在"插入"选项卡，形状编辑在跟随选项卡中的"格式"选项组中进行即可。在开始画圆时已经非常明确形状的使用方式，因此使用插入+编辑即可。

　　那么形状会带给我们什么变化呢。继续对字进行变化再加形状优化，如图11-43所示。

图 11-43　添加形状前后的对比效果图

瑜：感觉加了形状后更加饱满了。

猫：是的，形状会让PowerPoint页面更加饱满，层次感也更加鲜明。是不是有点累了，我们来做一个太极图舒缓一下大脑。

瑜：好呀，太极图，在图形里面没有哦。

猫：我们先来看看太极图的结构，如图11-44所示。

图 11-44　太极图与其结构

瑜：好多圆，有点晕。

猫：我们先画3个圆，分别是直径12厘米、6厘米、3厘米的无填充色，轮廓为1磅的虚线圆。然后分别复制6厘米与3厘米的圆，一共得到5个圆，如图11-45和图11-46所示。

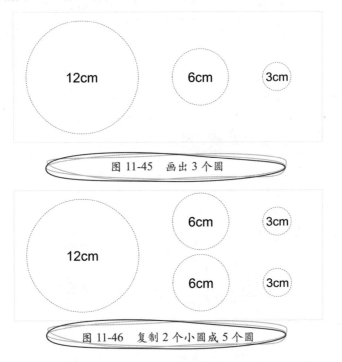

图 11-45　画出 3 个圆

图 11-46　复制 2 个小圆成 5 个圆

瑜：好了，感觉蛮顺手的。接下来要摆放成那个虚线圆的形状吗吧，如图11-47所示。

猫：对的，自己摆放吧，记得对齐哦。

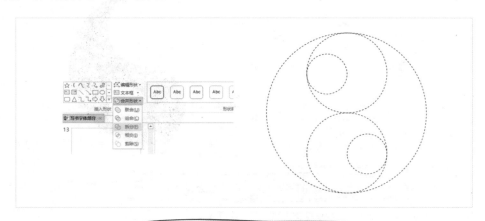

图 11-47　摆出太极的形状并进行拆分处理

猫：在跟随选项卡（格式）的插入形状中找到合并形状，选择拆分。我们得到了6个形状，然后只要将1
和3进行组合，就会得到半个太极图，如图11-48和图11-49所示。

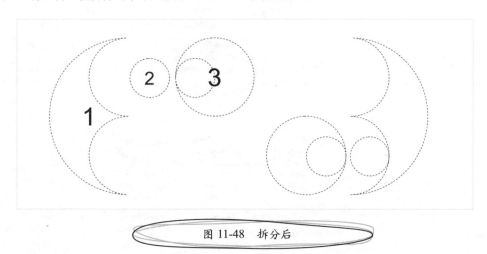

图 11-48　拆分后

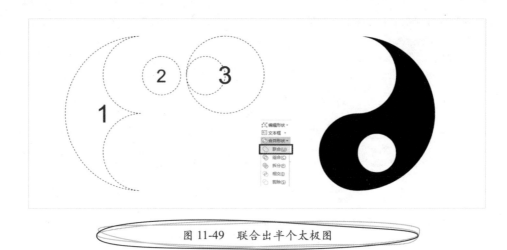

图 11-49　联合出半个太极图

瑜：做出来了，这样的图形原来也不难画，如图11-50所示。

图 11-50　子瑜成品

猫：非常好，记得合并形状工具。其中有5种选项，联合、组合、拆分、相交、减除。分别代表先选的一个被后选的所操作。公式如下。

联合：图形1+图形2。

组合：图形1+图形2－相交部分。

拆分：（图形1－相交部分）+（图形2－相交部分）+相交部分。

相交：相交部分。

减除：图形1－图形2。

瑜：**好像不太好记呢。**

猫：**自己对着公式尝试几次，很快就会记住。**

瑜：**OK！**

11.1.3 图片

猫：**图片在操作层面非常简单，其控制只有两个区域，如图11-51所示。**

图 11-51　控制图片的区域

猫：**主要的操作一样分成两个部分，插入图片和编辑图片。**

关于插入相册、屏幕截图、联机图片这些使用不多的小技巧我们不多加阐述。这里把更多时间放在选图以及用图上。

先解决以下选图的问题。

（1）在哪选？

（2）怎么选？选什么？

选图推荐以下网站：昵图网、下吧、百度等，建议依次去找。可以直接百度搜索进入相应网站。

除了图片外，还可以经常用到图标类的图片。这个可以百度图标网到"爱看图标网"与Easyicon进行下载，如图11-52所示。

事实上我们运用图标的场合大大多于图片，更多时候可以用以下两点去理解。

◇ 图片的目的是营造氛围。

◇ 图标的目的是修饰和加强意义。

知道在哪里选后，就要明确怎么去选。先选择一个主题来选图，以环保为例，可以进行这样的一次思考，如图11-53所示。

环保-绿色-节能-浪费-地球，我们再扩展开来可以进行更广泛的思考。

图片 图标

图 11-52　图片与图标

图 11-53　对环保的思考

　　然后可以进行落实，比如以"节能环保，从我做起"的主题进行找选图。以绿色房子为搜索词，在昵图、百度、下吧进行搜索，选到了如图11-54所示的一些图片。

　　接着解决最后一个问题：如何使用。

　　以第一张图为例，在PowerPoint软件中进行编辑。首先插入图片到编辑页面中，在跟随选项卡（格式）的"大小"选项组中进行图片剪裁，如图11-55所示。

图 11-54　搜索得到图片

图 11-55　对图片进行剪裁处理

　　然后单击图片角上的编辑点，在按住Shift键的同时拉大到合适的大小。在进行合适的剪裁后选择合适的字体添加文字，如图11-56所示。

图 11-56　最后成品

这样一页PowerPoint就很有感觉了，其他图片可以一样使用，如图11-57和图11-58所示。

图 11-57　其他图片的使用效果（1）　　图 11-58　其他图片的使用效果（2）

图片底部有色彩的一些图片，可以在跟随选项卡（格式）的"调整"选项组中删除背景来处理，如图11-59所示。

接着再进行简单排版就可以得到一张不错的PowerPoint页面，如图11-60所示。

挑选图片要注意以下两点。

（1）挑选尽量干净纯粹的图片。

（2）图片看的是感觉，一定要注意是否符合整个PowerPoint的基调。

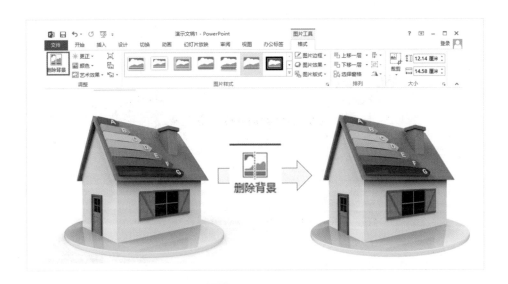

图 11-59 对图片进行删除背景处理

图 11-60 删除背景后的使用效果

关于图标的使用会更加广泛一些，比如我要做一个中国风的目录页就可以在"我爱图标网"（iconpng）中搜索"扇子""毛笔""屏风"等具有中国元素的图，如图11-61所示。

网站还会提供同类目下的其他元素图标，图标下载下来将是PNG格式（透明格式），使用非常方便，如图11-62和图11-63所示。

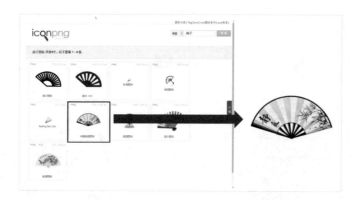

图 11-61 在 iconpng 中搜索图标

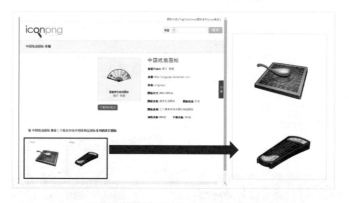

图 11-62 图标关联项

图 11-63 做出的效果

　　另外，可以改变底色让整个画面更加拥有质感，由于图标是透明的，在修改底色后不会产生需要删除背景的情况，如图11-64所示。

图 11-64　添加橙色背景

　　还可以再做形状上的修饰，让整个感觉更有质感，如图11-65所示。

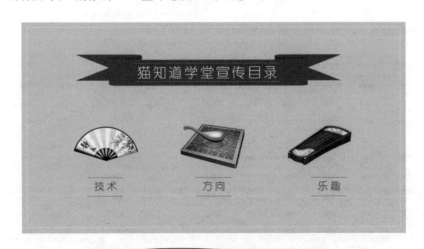

图 11-65　添加虚线边框

瑜：有点看呆了，好厉害。

猫：加上图片以后再运用文字的修改及形状的修饰就可以做出一张不错的PowerPoint了。接着看最后一个部分——图表。

11.1.4 图表

猫：我们可以将图表分成两类，一个是表格，另一个是图表，如图11-66所示。

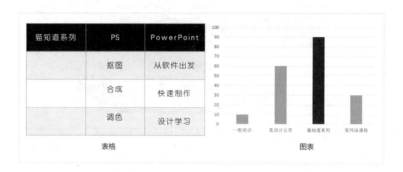

图 11-66　表格与图表

1. 表格

表格在PowerPoint中的主要作用有两个：大内容罗列和对比。

大容量的表格可以展示非常丰富的内容，如图11-67所示。

型号	叶片数	总高度	涡轮外径	通风口径	底板孔径	风球重	价格	适用范围	宫颈角度	底板尺寸
600A-G	29	600	700	600	590	6.0kg		各种厂房	可调	1000mmX800mm
600A-D	29	550	700	600	590	5.5kg		烟道口，商务通风口	可调	1000mmX800mm
600B	29	520	700	600	无	5.0kg		各种厂房	固定	-
500A-G	25	580	650	500	490	4.8kg		各种厂房	可调	1000mmX650mm
500A-D	25	520	630	500	490	4.0kg		各种厂房	可调	1000mmX650mm
500B	25	420	630	500	无	3.2kg		烟道口，商务通风口	固定	-
450	25	420	620	450	无	3.1kg		烟道口，商务通风口	固定	-
400-B	25	400	600	400	无	3.0kg		烟道口，商务通风口	固定	-
400-A	25	450	600	400	390	3.9kg		各种厂房	固定	500mmX500mm
300型	20	350	340	300	无	2.2kg		烟道口，商务通风口	固定	-
300型	20	350	340	300	280	2.2kg		各种厂房	固定	500mmX500mm
250型	20	350	340	250	250	2.1kg		各种烟道口	固定	400mmX400mm

图 11-67　表格的大量内容显示

在特别的内容处使用鲜明的底色可以让我们想要突出的内容凸显出来，如图11-68所示。

型号	叶片数	总高度	涡轮外径	通风口径	底板孔径	风球重	价格	适用范围	宫颈角度	底板尺寸
600A-G	29	600	700	600	590	6.0kg		各种厂房	可调	1000mmX800mm
600A-D	29	550	700	600	590	5.5kg		烟道口，商务通风口	可调	1000mmX800mm
600B	29	520	700	600	无	5.0kg		各种厂房	固定	-
500A-G	25	580	650	500	490	4.8kg		各种厂房	可调	1000mmX650mm
500A-D	25	520	630	500	490	4.0kg		各种厂房	可调	1000mmX650mm
500B	25	420	630	500	无	3.2kg		烟道口，商务通风口	固定	-
450	25	420	620	450	无	3.1kg		烟道口，商务通风口	固定	-
400-B	25	400	600	400	无	3.0kg		烟道口，商务通风口	固定	-
400-A	25	450	600	400	390	3.9kg		各种厂房	固定	500mmX500mm
300型	20	350	340	300	无	2.2kg		烟道口，商务通风口	固定	-
300型	20	350	340	300	280	2.2kg		各种厂房	固定	500mmX500mm
250型	20	350	340	250	250	2.1kg		各种烟道口	固定	400mmX400mm

图 11-68 表格突出内容后的效果

修改表格的样子，仅需要在跟随选项卡（设计）中进行修改即可。

只要灵活运用表格快速样式和旁边编辑表格内容的设计版块，就可以很快做出美观而实用的表格，如图11-69所示。

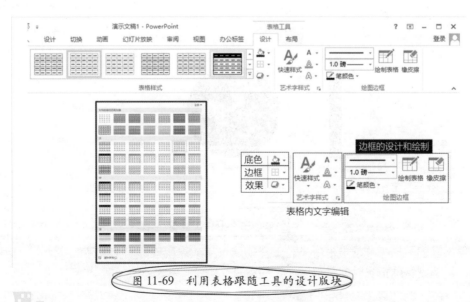

图 11-69 利用表格跟随工具的设计版块

在表格的布局中需要关注的是尽量给表格内的文字选择合适的对齐方式。通过对比可以看到合适的对齐方式的重要性，如图11-70所示。其他表格的调整可以在Excel篇进行学习。

图 11-70　表格中对齐方式的对比

2. 图表

图表在PowerPoint中的主要作用有两个：表现对比和表现趋势，如图11-71所示。
对比一般用柱状图表示，所占百分比较大的可用饼图。
趋势一般用线性图来表示。

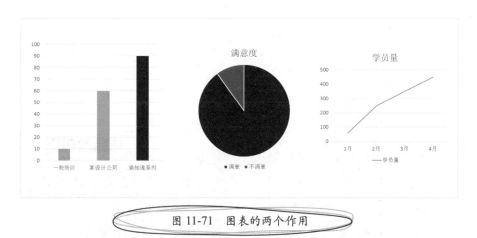

图 11-71　图表的两个作用

软件为我们提供了非常丰富的类型选择，建议用上述所说的简洁明确的柱形图、饼图、折线图为优，遇到特殊情况时再特殊解决，如图11-72所示。

图 11-72　PowerPoint 2013 的图表选择

图表最后的展示效果可以灵活地进行操作，从而得到一些特别的图表，如甘特图等，如图11-73所示。

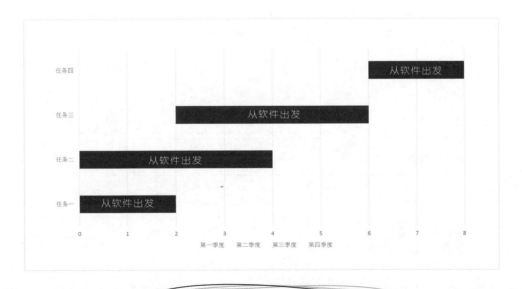

图 11-73　甘特图

再来看看原始图表，与图11-73是不一样的，如图11-74所示。

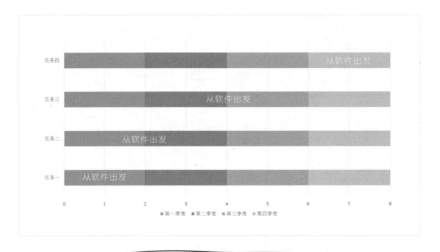

图 11-74　原始图表

从甘特图中需要了解最重要的一点是，PowerPoint展示出来的内容和内部的一些东西可能不一样，灵活运用透明及其他效果可以得到我们所需的效果。做图表从结果开始出发会更加有利。

图表的版块编辑操作有设计和格式两个部分，格式部分与形状的格式部分基本相同，因为图表的本质也就是一个个形状组成的，而设计部分的主要作用是让我们进行统一化的布局，如图11-75所示。

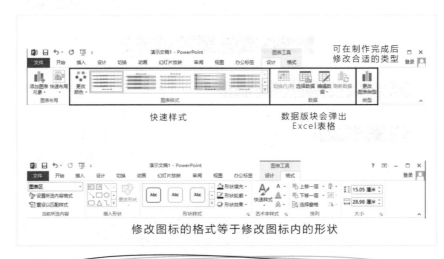

图 11-75　图表的版块编辑操作

猫：学习，学而时习之。现在做一份模拟练习巩固操作，如图11-76所示。

瑜：前面还有点晕，试着做做看。

练习1：画出条形图、饼图、折线图，考虑美观度。

练习2：做出如图色彩效果的表格。

练习3：画出一份甘特图。

练习4：选择一张图片进行删除背景处理。

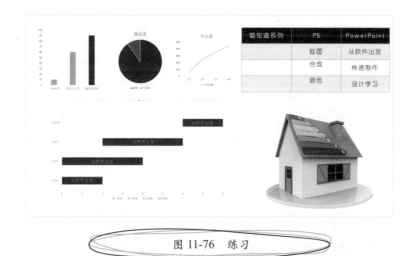

图 11-76　练习

猫：下面将快速学习排版的四大原则，分类、对齐、重复和对比。

　　四大原则是互相关联存在的，一般一个PowerPoint页面需要依次进行分类：重复、对齐、对比，再进行不断修饰的过程。用实例来讲解，在制作过程中要融会贯通才可以高效又美观地完成一个PowerPoint页面。

瑜：记住了。

11.2.1 从分类开始

所谓分类，也可以叫做分层，即将彼此相关的内容放在一起成为一个小组，而小组内外又都以层次关系进行排列。分类后，观众可以更好地组织信息，减少观看时的干扰。如果用一句话来说，就是一目了然地知晓你所表达的内容。分类的思考是从开始摆放的内容开始，更多的是对行文逻辑的思考，相当于射击中的瞄准。

以百度百科中微软的介绍为例开始排版之旅，如图11-77所示。

也许有时它就是一段介绍文字，我们却可以将其优化成非常精美的一页PowerPoint页面。先对文字进行分类，如图11-78所示。

微软 (Microsoft)，是一家总部位于美国的跨国电脑科技公司，是世界PC（[1] Personal Computer，个人计算机）机软件开发的先导，由比尔·盖茨与保罗·艾伦创始于1975年，公司总部设立在华盛顿州的雷德蒙德市（Redmond，邻近西雅图）。以研发、制造、授权和提供广泛的电脑软件服务业务为主。

公司名称	微软 (Microsoft)
公司总结	一家总部位于美国的跨国电脑科技公司
公司概况	由比尔·盖茨与保罗·艾伦创始于1975年 世界PC（[1] Personal Computer，个人计算机）机软件开发的先导 公司总部设立在华盛顿州的雷德蒙德市（Redmond，邻近西雅图）
公司业务	以研发、制造、授权和提供广泛的电脑软件服务业务为主

图 11-77　微软公司简介

图 11-78　进行分类后

进行分类后发现此段介绍可以分成4个部分，有微软的名称，公司的总结，公司的一些概况，包括谁创始于什么年代，有怎么样的优势，公司总部所在地以及公司的主要业务。需要提前想清楚文字内容核心是什么，比如对外介绍时认为公司业务相当重要，那么就要以公司业务为核心进行展开，这样分类思考后就可以进入正式的排版操作工作了。

11.2.2 把握重复和对齐

重复：在PowerPoint中出现重复的色彩、形状、大小等，这样可以增加条理性和统一性。同时让"突出"可以更加快速和清晰地表现。

对齐：不要随意歪歪扭扭地放置内容，我们的眼睛对整齐的事物有独特的喜好。尽量让每个元素都与页面上的其他元素有对齐的部分，这样能让观众的眼睛更乐于接受。

如图11-79所示，可以看到微软是一家什么公司、公司概况，并以研发为主进行了居中对齐，每部分的字体大小都是以重复的方式出现的。事实上还可以再改进一下，让对齐的感觉更加明确，这时用形状来辅助我们的视觉效果是最好的选择，如图11-80所示。

微软 (Microsoft)
一家总部位于美国的跨国电脑科技公司

由比尔·盖茨与保罗·艾伦创始于1975年
世界PC（[1] Personal Computer，个人计算机）机软件开发的先导
总部设立在华盛顿州的雷德蒙德市（Redmond，邻近西雅图）

以研发、制造、授权和提供广泛的电脑软件服务业务为主

图 11-79 对齐重复后

微软 (Microsoft)
一家总部位于美国的跨国电脑科技公司

由比尔·盖茨与保罗·艾伦创始于1975年
世界PC（[1] Personal Computer，个人计算机）机软件开发的先导
总部设立在华盛顿州的雷德蒙德市（Redmond，邻近西雅图）

以研发、制造、授权和提供广泛的电脑软件服务业务为主

图 11-80 再次对齐后

现在拥有了3条对齐的线条，使页面更加整齐。

11.2.3 对比让页面拥有重心

对比：其基本思想是让想要突出的内容看起来截然不同，使观众第一时间观察到它的存在。通常一个页面建议核心思想最好仅为一个。

重复上述步骤并进行改进，比如微软，一般公司名在PowerPoint中需要存在但不需要突出，并进行弱化处理，如图11-81和图11-82所示。

微软 (Microsoft)
一家总部位于美国的跨国电脑科技公司

由比尔·盖茨与保罗·艾伦创始于1975年
世界PC（[1] Personal Computer，个人计算机）机软件开发的先导
总部设立在华盛顿州的雷德蒙德市（Redmond，邻近西雅图）

以研发、制造、授权和提供广泛的电脑软件服务业务为主

图 11-81 突出效果后

微软
Microsoft
一家总部位于美国的跨国电脑科技公司

由比尔·盖茨与保罗·艾伦创始于1975年
世界PC（[1] Personal Computer，个人计算机）机软件开发的先导
总部设立在华盛顿州的雷德蒙德市（Redmond，邻近西雅图）

以研发、制造、授权和提供广泛的电脑软件服务业务为主

Microsoft

图 11-82 进行弱化处理来强化突出的

然后对公司核心业务再进行加强，在吸引注意方面没有比图片更加有效的东西了，添加图片背景，并对句子进行再度优化，如把公司总结与公司概况相结合，然后把创始人提出来展示。最后可以得到这样一张PowerPoint页面，如图11-83所示。

图 11-83　完成的效果

11.2.4　四原则结合

四大原则的效果是相辅相成的，犹如进行射击一样，从瞄准、稳定、射击，环环相扣缺一不可，如图11-84和图11-85所示。

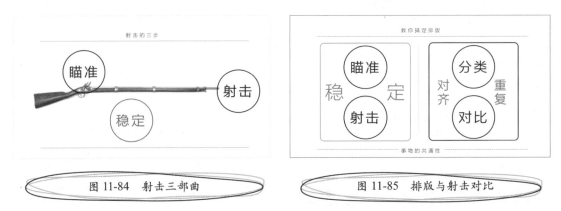

图 11-84　射击三部曲　　　　　　　　图 11-85　排版与射击对比

如果分类和对比是核心内容，但对齐和重复是必需内容。让对齐和重复成为习惯，然后再在分类和对比中不断提高排版水平。

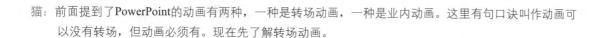

11.3 动画

猫：前面提到了PowerPoint的动画有两种，一种是转场动画，一种是业内动画。这里有句口诀叫作动画可以没有转场，但动画必须有。现在先了解转场动画。

11.3.1 转场动画

转场动画（切换）为了视觉感受而存在。

我们把它分成两类，一类叫作华丽转场（大的概念转述，大章节的切换），一种叫作柔和转场（普通页面的转变，照顾眼睛感觉不突兀），如图11-86所示。

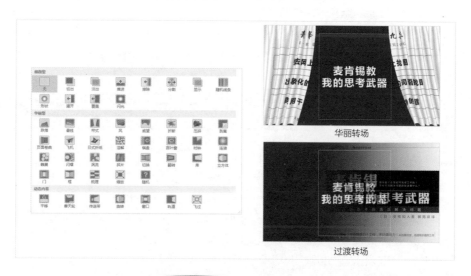

图 11-86　转场的区别

在PowerPoint 2013中把转场分成了细微型、华丽型、动态型。这里重新进行一次分类，把它分成对我们感官刺激比较大的华丽型和为了让我们眼睛舒适不造成唐突的柔和型转场。判断标准是你自己的眼睛，这里进行两个标准的例子：华丽型-幕布和柔和型-淡出。

如图11-87所示，先看一下其他按钮的作用。

图 11-87　"切换"选项卡中各按钮的作用

以下有4个注意点需要记忆。

◇　切换声音要加的有意义，不然不如不加。

◇　持续时间可以加长，根据眼睛判断合适与否。一般每个切换动画的默认时间是相对舒服的。

◇　取消勾选"单击鼠标时"复选框可防止误单击而结束动画。

◇　幻灯片持续时间为0时，根据幻灯片中动画结束时间为准切换页面。

11.3.2　页内动画

页内动画为了观看逻辑而存在。

页内动画分成4种：绿进、黄闪、红退出，加上路径满图飞。

动画五变化：透明缩放加旋转，色彩变化与位移，如图11-88所示。

动画总结起来就是这两句话，就看这个动画所拥有的属性是5个中的哪一个或者哪几个。而操作时思考的就是一句口诀：绿进黄闪红退出，加上路径满图飞。

具体的"动画"选项卡，如图11-89所示。

图 11-88　PowerPoint 动画的理解口诀

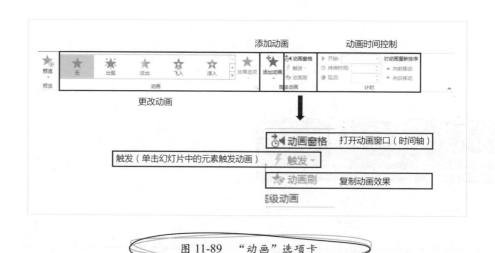

图 11-89　"动画"选项卡

"动画窗格"任务窗格会给我们提供时间轴等一系列直观的功能选项，如图11-90所示。

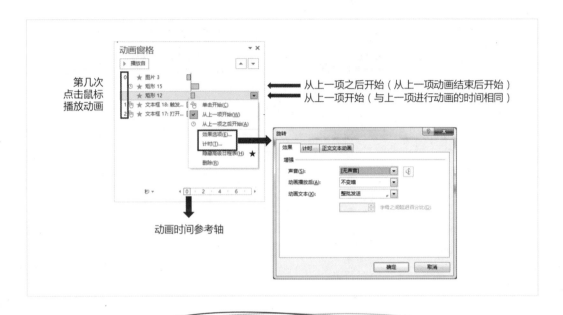

图 11-90 "动画窗格"任务窗格

动画就技术而言就是以上版块，更多的时候做到知行合一，在操作中理解软件中的功能。
如图11-91所示，现在对微软企业简介进行动画处理。

首先需要思考元素出现的逻辑，进行分镜头的思考（一般先在大脑中完成对比操作即
可），如图11-92~图11-99所示。

图 11-91 微软公司简介

图 11-92 从 LOGO 出发

图 11-93　拉开 LOGO 至上下位置，我们用位移 - 路径动画

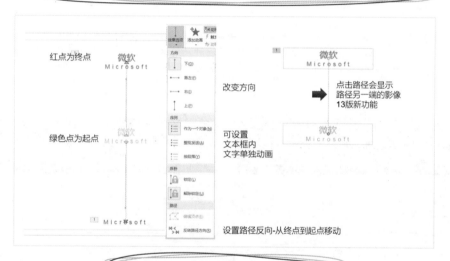

图 11-94　关于路径的一些注意点

图 11-95　在图片上加入一个劈裂的进入效果

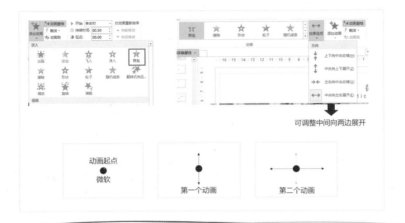

图 11-96　从中间向两边展开给人们一种一切从中心开始的思维引导

图 11-97　中间内容的淡出（进入
动画）- 明度的改变

图 11-98　第一部分文字浮入（进入
动画）- 透明度改变＋向上位移

图 11-99　第二段文字淡出（进入动画）透明度

用浮入效果在开始时会与Microsoft字符重合，这是我们不想看到的，所以用淡出即可，可以改变淡出的时间与浮入时间同为1秒钟，如图11-100所示。

图 11-100　第二段用浮入效果挡住下方字符，这样的动画一定慎用

可以修改每个动画的时间，如图11-101所示。

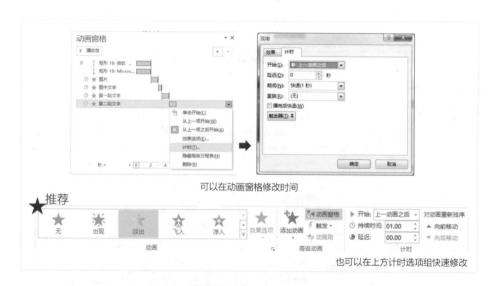

图 11-101　修改每个动画播放的时间

猫：PowerPoint中的动画运用看起来比较复杂，核心只有两句话，这里再加上一句学而时习之，才可融汇。只有自己不断练习和提高才可以融会贯通哦。

瑜：感觉很清晰！口诀我记下啦！

11.4 动作

动作的功能是设置幻灯片元素在播放环境下的超链接、运行程序、播放声音等指令。

在幻灯片添加元素，需要打开"插入"选项卡，在"链接"选项中有超链接/动作，如图11-102所示。

图 11-102　动作的设置

有了动作按钮，就可以在PowerPoint播放时产生互动，比如单击播放音乐、单击跳到其他软件等，可以让PowerPoint在演示中更具效果。

11.5 其他元素

猫：在PowerPoint中还要经常添加其他元素，如音频、视频、Flash等，这里主要学习音频和视频在
PowerPoint中的运用。

瑜：音乐贯穿整个PowerPoint是我一直遇到的疑问呢！

11.5.1 音频（音乐、音效）

在"插入"选项卡的"媒体"选项组中单击"音频"按钮可以进行音频插入，当插入后
会自动跳转到跟随选项卡（音频工具）的"播放"选项卡上，单击"音频样式"-"在后台播
放"即可让所选音乐作为背景音乐循环播放直至幻灯片结束，如图11-103所示。

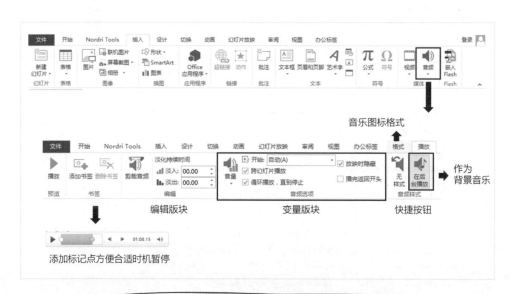

图 11-103　音乐的跟随选项卡

编辑版块：可以剪裁音频至合理的时间，加入淡入、淡出的时间设置，让一些激荡的音乐在进入和退出时拥有过渡。

书签版块：可以对音频播放线进行书签标记，可以标记暂停点，等待学生回答后再继续后面的播放。

瑜：原来那么简单呢！

猫：还有一个注意点，PowerPoint 2013中，可以插入的音乐格式有非常多的选择，支持最常见的MP3格式，但是2003版本中却是不支持的，所以当你做完以后要注意最后播放的软件版本。2003仅支持WAV格式的音频，可以选用格式工厂这个工具对音频进行转换。

11.5.2 视频

在"插入"选项卡的"媒体"选项组中单击"视频"按钮，可以进行视频插入，当插入后会自动跳转到跟随选项卡（视频工具）"播放"选项卡，如图11-104所示。

图 11-104　视频的跟随选项卡

书签：在视频添加书签标记，可以在培训中让视频播放的节点做到心中有数。

编辑版块：可以剪裁视频，淡化持续此处指声音，画面的淡入淡出可在"动画"选项卡中设置。

变量版块：除了声音的调节，其他选项比较直观，用到的并不多。

视频与音频都可以这样理解，音频=喇叭图像+声音。视频=会动图片+声音。在PowerPoint 2013中视频的外观设置与图片相同，可进行剪裁、变色等效果，如图11-105所示。

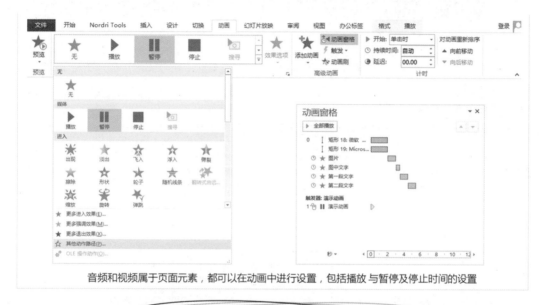

音频和视频属于页面元素，都可以在动画中进行设置，包括播放与暂停及停止时间的设置

图 11-105 在动画中添加动画效果

瑜：这个书签在培训引用视频时会方便很多。

猫：是的，这里还是要注意版本的问题，当在2013嵌入视频，进行编辑效果后再在2007版本中是不显示编辑效果的，而2003版是不支持嵌入的视频的。升级版本会方便很多，建议最好升级Office 2010版本哦。

11.6 Nordri Tools的一些妙用

猫：Nordri Tools是一个非常优秀的插件，这里讲两个小的功能让你了解一下这个插件在制作PPT时提高效率的地方。

瑜：终于讲这个神奇按钮了，期待。

猫：软件安装好后，就会出现在"开始"选项卡后方，如图11-106所示。

图 11-106　Nordri Tools 选项卡

猫：我们在做企业报告时经常要做客户墙页面，比如有9个客户。LOGO形状很多，对齐起来总觉得不对，前面讲过可以用什么来辅助，如图11-107所示。

图 11-107　9 个公司 LOGO

瑜：图形，加9个方块上去。

猫：没错，先放方块上去，再摆放LOGO也许可以更快。但是有个问题，怎么放这样9个方块上去呢？如
　　图11-108所示。

图 11-108　加入形状后

瑜：先画一个，复制8个，然后对齐。

猫：试想下如果16个、18个、20个呢？画好一个方块后只需在Nordri Tools选项卡"设计"选项组中单击
　　"矩阵复制"按钮即可，如图11-109所示。

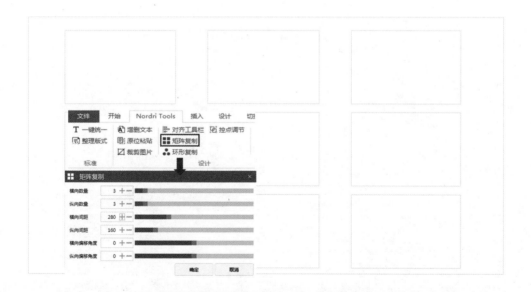

图 11-109　用 Nordri Tools 快速添加形状

瑜：哇，方便呢，画100个都很快。

猫：单击"环形复制"按钮可以做出更多有趣的图形，如表盘、漂亮的修饰图形等，如图11-110和图11-111所示。

图 11-110　表盘的制作

图 11-111　漂亮的几何形状

瑜：这个有意思。还有其他功能吗？

猫：有时要修改一些PPT，而里面的字体很乱怎么办呢？

瑜：好像不能统一设置，只能一点点改！Nordri Tools可以一下子改过来，对不？

猫：对的，可以在Nordri Tools的标准按钮中统一字体，如图11-112所示。

图 11-112 统一整个 PowerPoint 字体

猫：对Nordri Tools暂时先讲到这里，下面进行总结！

猫：到此，我们的制作设计基本结束，下面简单地做下总结。我总结三点，你来补充前面学到的知识。

在做PowerPoint时，要明确知道我要干什么，再下手去做。

软件操作并不困难，核心是要知道软件的设计逻辑。

设计中排版四原则很重要：分类→重复+对齐→对比。

瑜：嗯，我也说三个吧。

形状在排版中很重要，可以协助对齐和重复。

动画和音频都是幻灯片里的元素，都可以在动画版块编辑。

Nordri Tools是个好插件！

猫：哈哈，很好，我们休息10分钟，最后50分钟了解下关于输出及其他一些要注意的地方。

11.7 小结与练习

11.7.1 小结

本篇主要讲了在设计中一些非常核心的知识点，包括字、形、图、表四大元素的讲解及排版与动画的讲解。学完本章后读者可以模仿喜欢的海报或手机界面进行制作，让自己熟能生巧。

11.7.2 练习

根据课程所学的知识制作一个公司客户LOGO展示区的PowerPoint页面。

Office

PPT效率手册

12

输出篇

猫：PowerPoint一般用作演示、培训、上课时的辅助作用，还可以做报告、电子文刊、PDF供人阅读，最后也可以做成视频用来观看。而PowerPoint最核心的环境还是进行演示、培训和上课，那么子瑜，在这些时候你是否有忘词的时候呢？

瑜：**紧张的时候就容易忘记了。**

猫：那在进行PowerPoint演示时要善用演讲者视图，下面我们先进行学习。

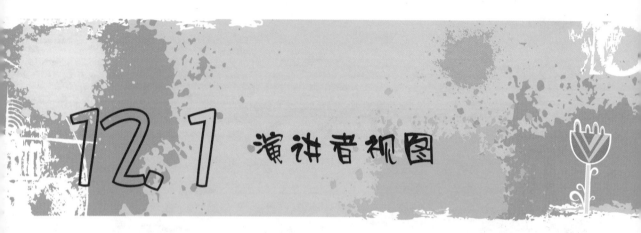

12.1 演讲者视图

猫：演讲者视图的核心作用类似于提示器，来看那些名人演讲时的一些巧妙之处，如图12-1所示。

图 12-1　名人用各种方法提示自己

猫：PowerPoint因为这样的需求也自带了提词功能，也就是我们的演讲者视图。演讲者视图在PowerPoint
　　2013中是默认打开的，只需要在设计幻灯片时，在下方备注区写上方便我们记忆的提示词即可，如
　　图12-2和图12-3所示。

图 12-2　演讲者视图与现实效果及编辑区的展示

图 12-3　演讲者视图的显示效果

猫：演讲者视图功能非常简单，却给我们演示提供了极大的便利，是演示的一大利器。

瑜：看起来很不错，再不怕忘词了，操作起来也非常简单。

12.2 压缩图片，合理使用母版

猫：有时我们制作的PowerPoint是需要发送给领导或同事的，这个时候体积过大会造成很大的不便利，我们可以对图片进行合理的压缩。在选中图片后可单击跟随选项卡（格式）的"调整"选项组中的"压缩图片"按钮，如图12-4所示。

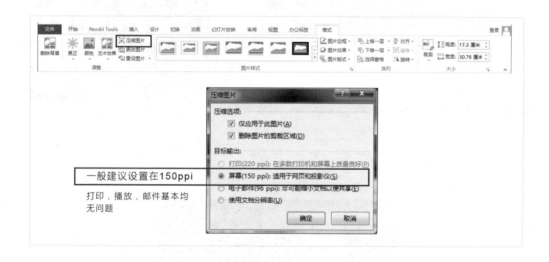

一般建议设置在150ppi

打印，播放，邮件基本均无问题

图 12-4　压缩图片的方法

猫：还有，类似于LOGO等经常出现在各大页面的图片，建议放入母版视图的版式中，可以一图多用，不然多复制一张就多一张图片的容量！多余的版式可以用Nordri Tools进行清理，让PowerPoint更加苗条，如图12-5所示。

瑜：原来有那么多压缩技巧。

图 12-5　删除多余版式

猫：PowerPoint 2013除了可以导出PPTX格式外，还可以导出适合2003版本播放的PPT格式。除此之外，还可以导出PDF、视频、Flash等格式，可以直接进入"文件"菜单，选择"另存为"命令即可选择多样的保存格式，如图12-6所示。

瑜：一直为如何导出视频发愁，原来如此简单，还可以做成PDF。

猫：最后再做一张PowerPoint页面。结束6小时的PowerPoint学习之旅，如图12-7所示。

图 12-6　用 PowerPoint 导出 PDF 及视频等其他格式文件

图 12-7　一张明信片式的 PowerPoint

猫：设计时，注意一个小的细节，很多时候在长方形上做个小圆角，会让图片看起来更加有质感，但是这里要注意的是圆角不要太大。太大的圆角不但不易排版，更容易让图片看起来比较粗糙，如图12-8所示。

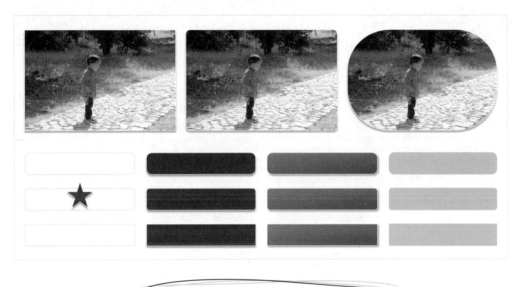

图 12-8　小圆角显神威

瑜：记住了。

猫：已经6个小时了，希望这6个小时让你对PowerPoint有一个新的理解，也希望它成为你未来工作的助力。

瑜：**谢谢，猫老师，以后遇到PPT的问题多多帮忙。**

猫：今天已经将常用的技巧教授给你了，学而时习之，习的时候才会不断进步，当然也会遇到问题，可以随时发邮件给我，我给你解答。那今天学习到此为止！

瑜：**好的，谢谢猫老师。**

12.4 小结与练习

12.4.1 小结

本篇主要介绍PowerPoint在使用及输出时的一些知识点。PowerPoint的演讲者视图会成为演讲者最好的提词器；可以导出如PDF、视频等多样形式的文件让PowerPoint更具生命力。

12.4.2 练习

试着做一个PowerPoint页面，让其自动播放，最后导出为视频。